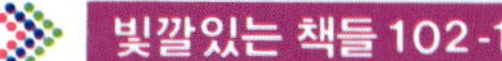

한옥의 조형

글, 사진 / 신영훈

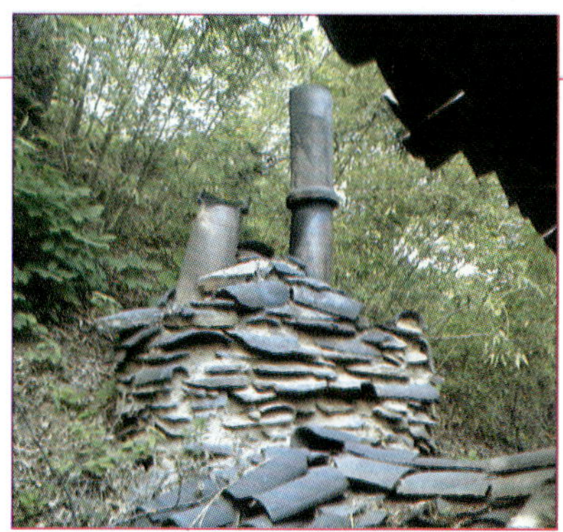

대원사

신영훈 ————————————

성균관대학교 사학과에서 한국건축사
를 전공하였으며, 문화공보부 문화재
위원회 전문위원이다. 주요 저서로
「한국의 살림집」「한옥의 조영」등이
있고, 역서로「한국 상대(上代) 건축
의 연구」등이 있다.

한옥의 조형

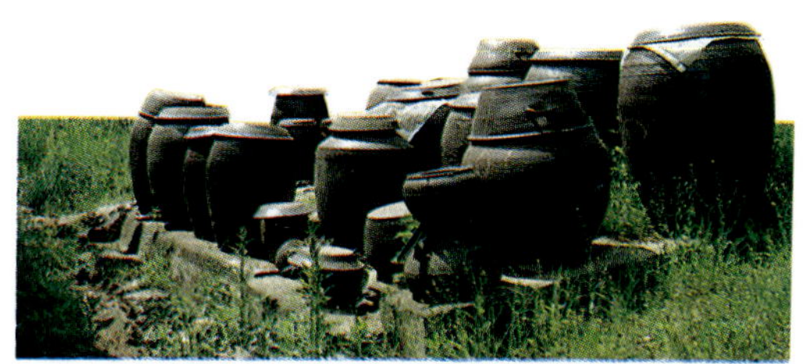

한옥의 조형

사진으로 보는 한옥의 조형

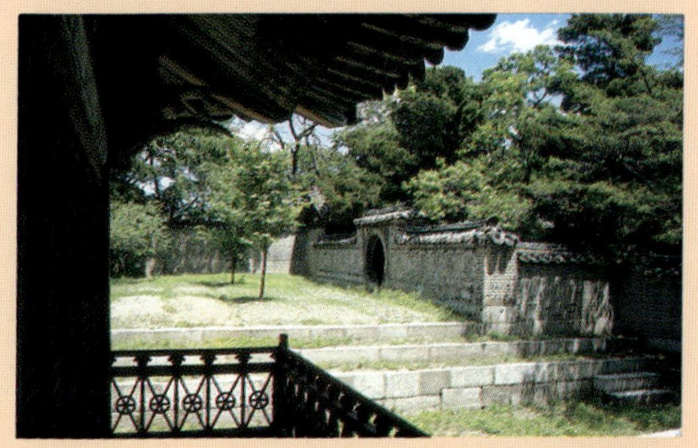

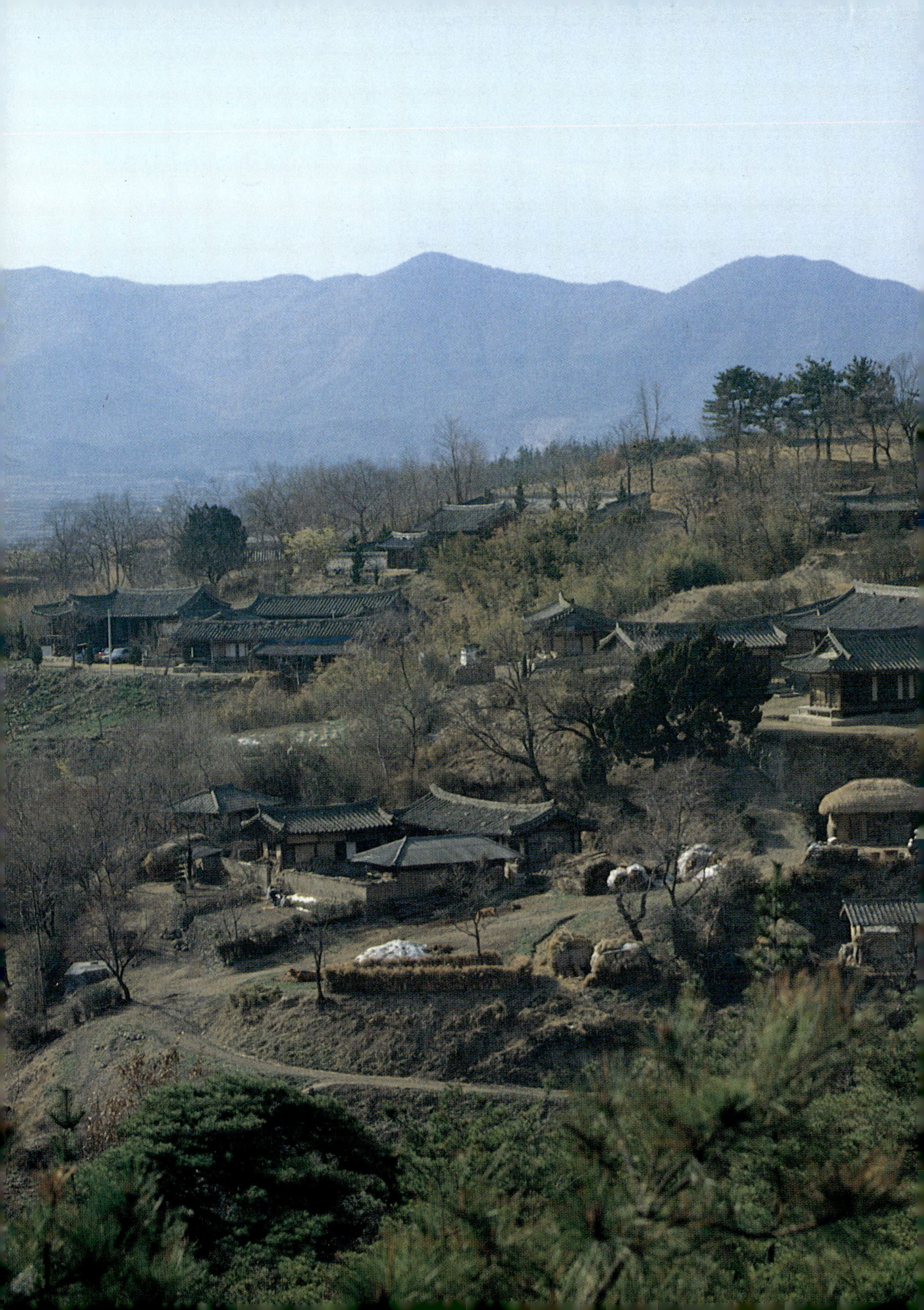

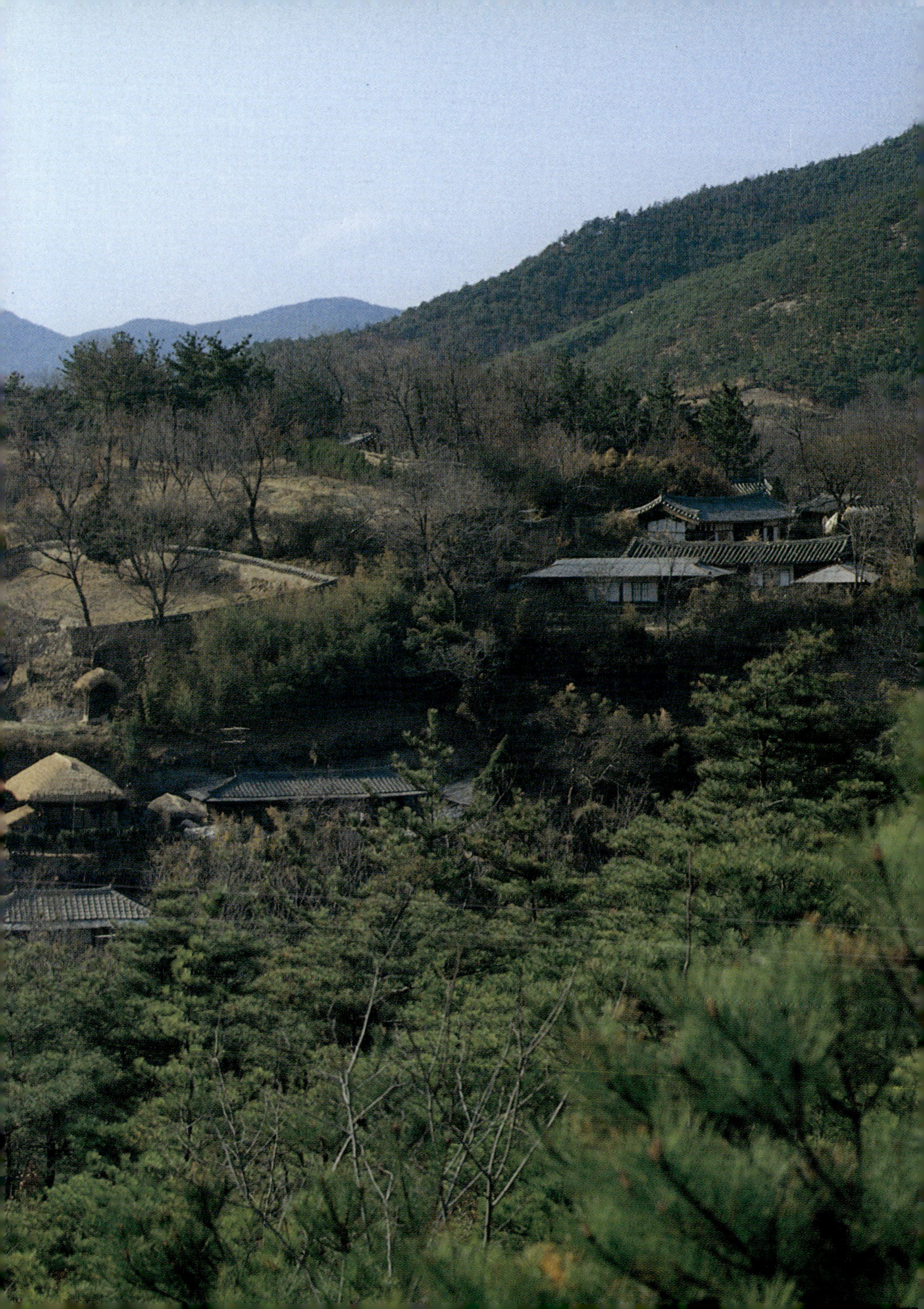

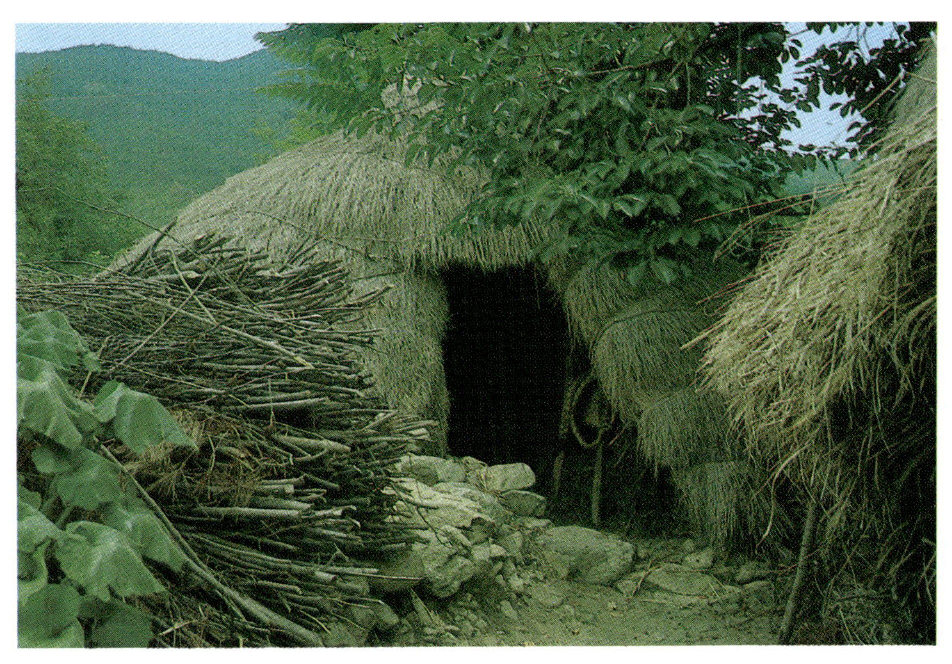

경북 경주군의 양동 마을 우리나라의 집을 한옥이라 한다. 다른 나라 집과는 다른 특색을 지녔다는 뜻이기도 하다. 그러나 이 말은 단순한 구조적 특징만이 아닌, 한국인 특유의 정서와 체온이 담겨 있는 정감 있는 언어이기도 하다.(앞)

움집 문명 사회로 한 발자국도 진출하지 않은 원상태 그대로의 움집이다. 전북 김제 모악산 귀신사 옆 마을(왼쪽)

부뚜막 임진왜란 이후 여염집에서는 아궁이에 부뚜막을 만들어 솥을 걸고 불을 지펴 조리할 수 있도록 부엌이 구성된다. 경기도 화성 서신면 곳전마을(오른쪽)

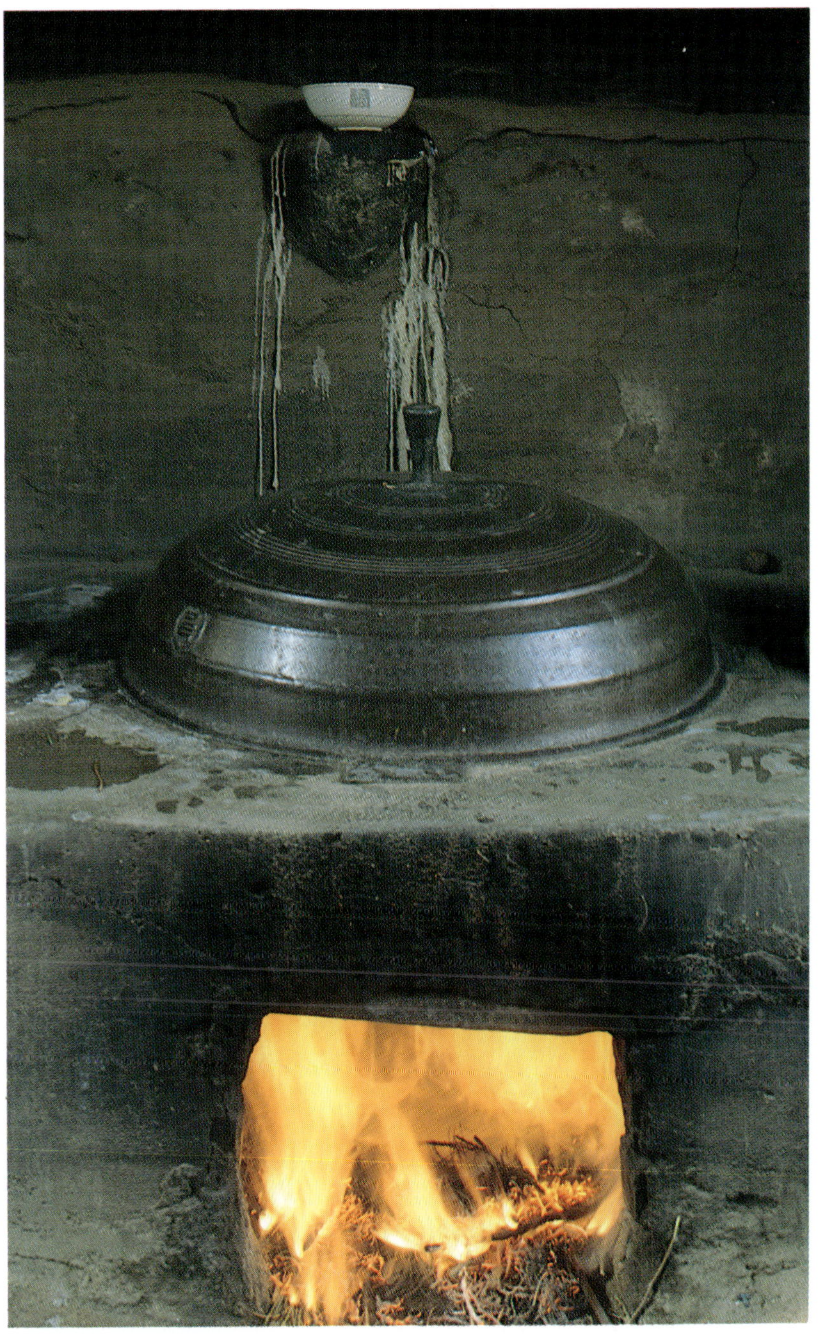

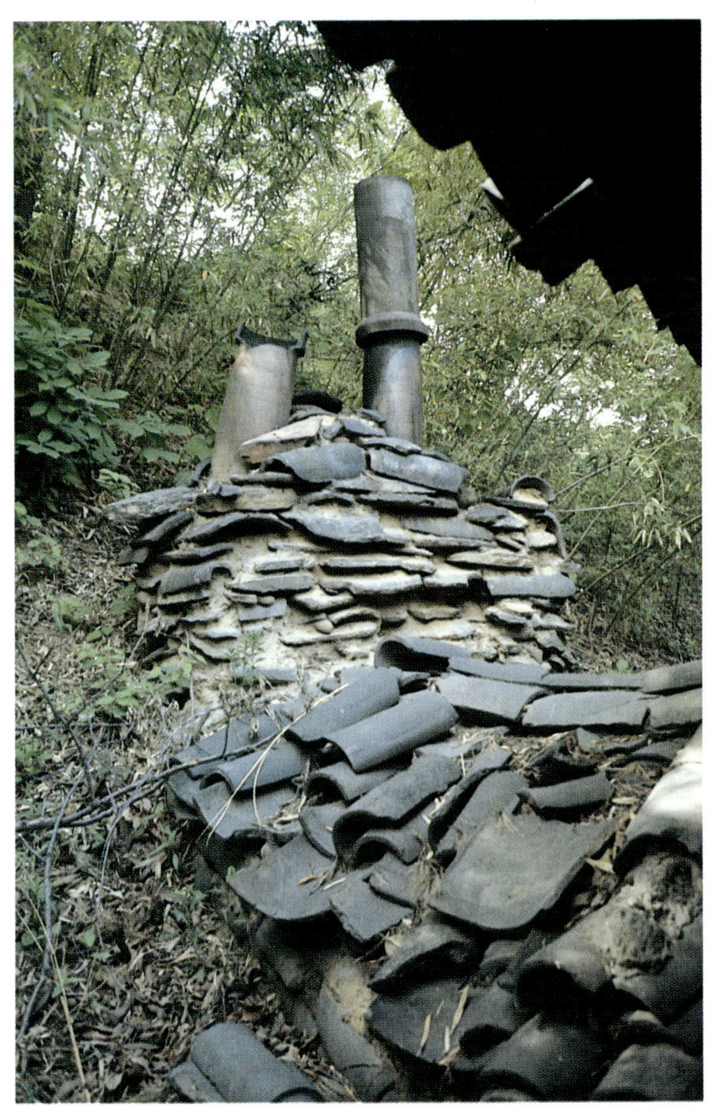

북방 굴뚝 열도 빼앗기지 않고 서북풍이 역류해서도 안 되므로 세심한 배려가 요구된
북방 지역의 굴뚝 구성이다. 강원도 명주 지방 살림집 뒤뜰(왼쪽)
남방 굴뚝 구조가 간결해진 남쪽 지방의 굴뚝이다. 경북 영천군 권씨 고택 사랑채
아궁이와 굴뚝(오른쪽)

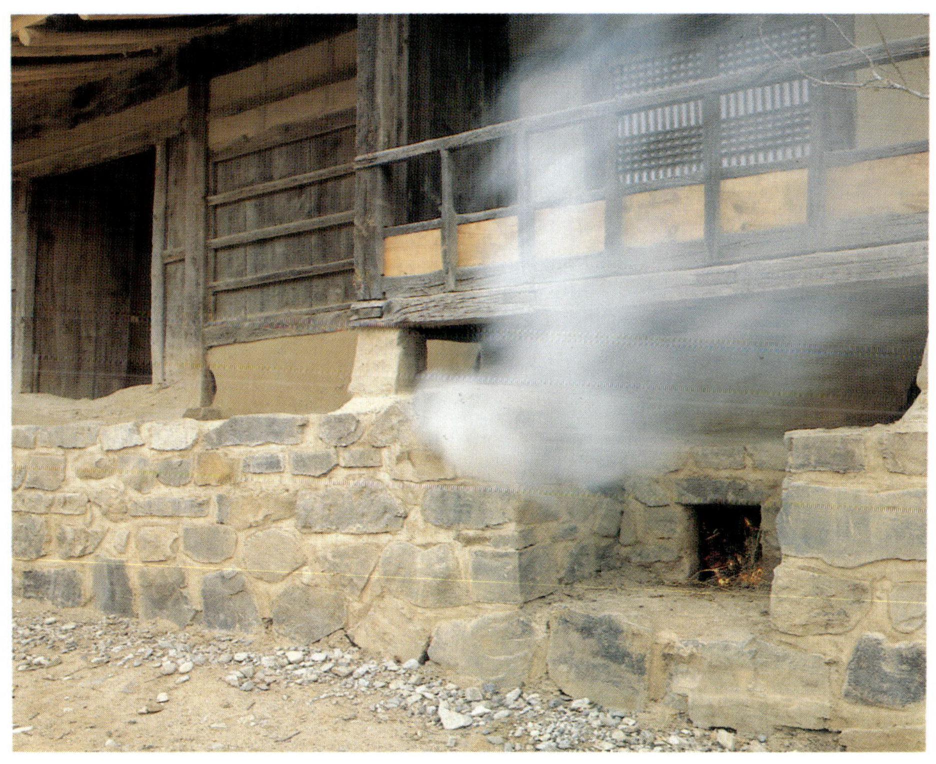

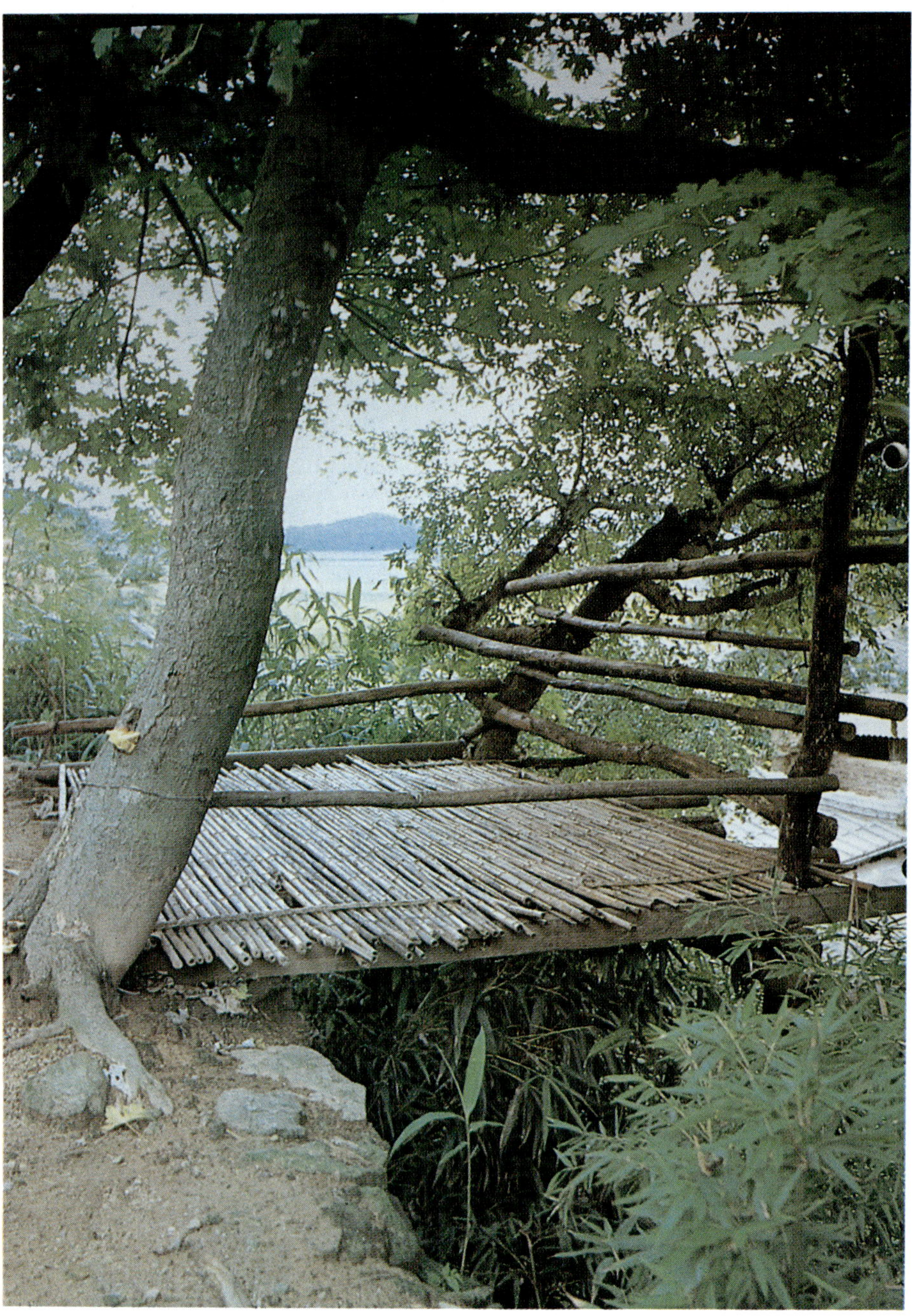

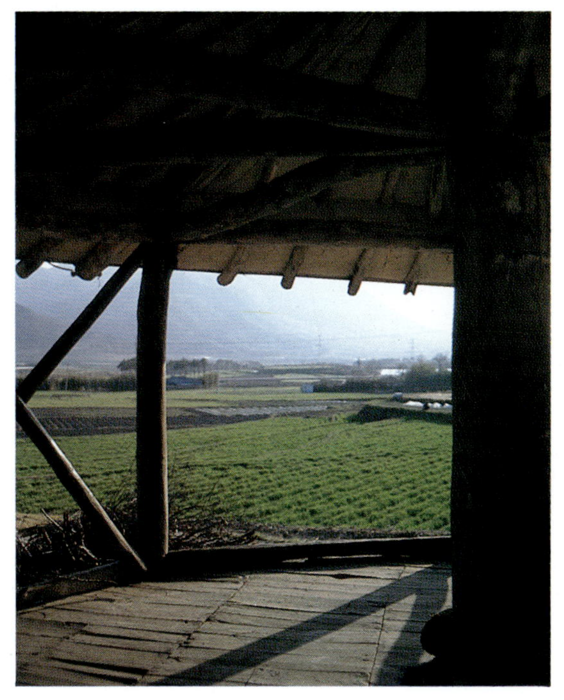

원초형 마루 큼직한 나무에 의지한 원초형 마루이다. 전남 나주 샛골낳이 마을(왼쪽)
모정(茅亭) 원초적인 구조의 모정들이 밭둑에 있다. 규모는 비교적 큰 편인데 마루에
  앉으면 벼가 자라고 익어가는 들녘이 한눈에 들어온다. 전남 구례군 지리산 아래
  오미동 운조루 앞 모정(오른쪽)

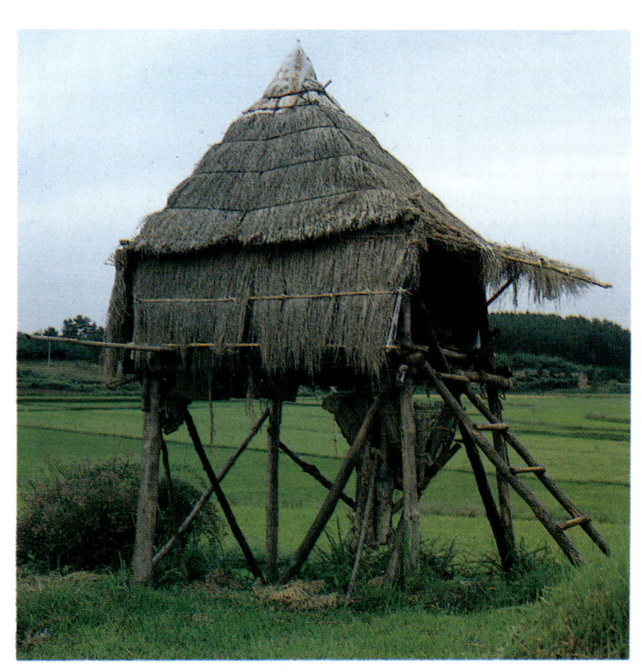

원두막 오두막집이 축약된 형태의 원두막이다. 전남 강진

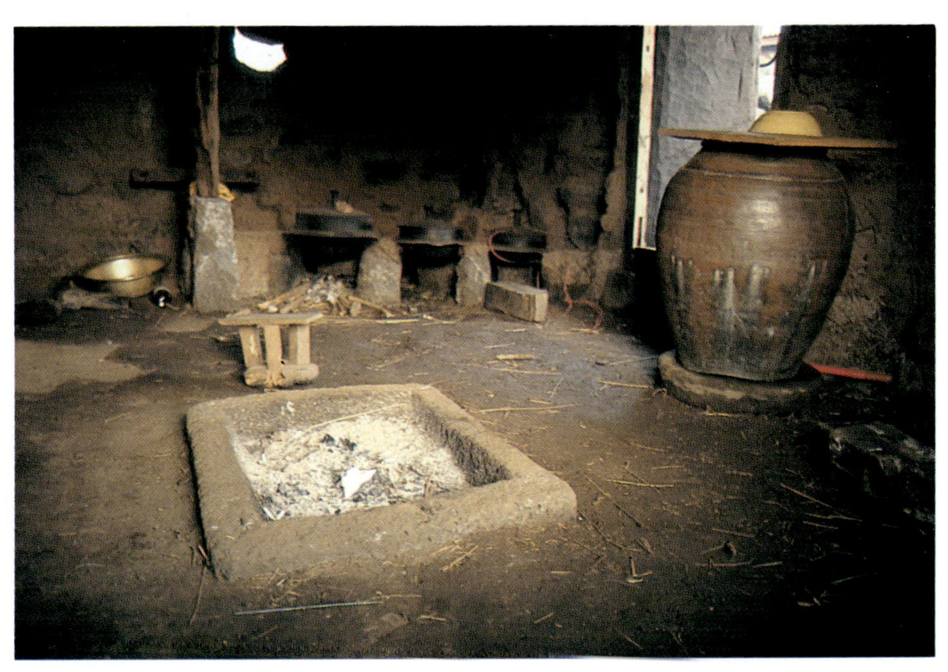

화덕 제주도는 원래 마루만이 있던 지역이라 화덕이 취사용으로 사용되어 왔다. 제주
중문리 살림집

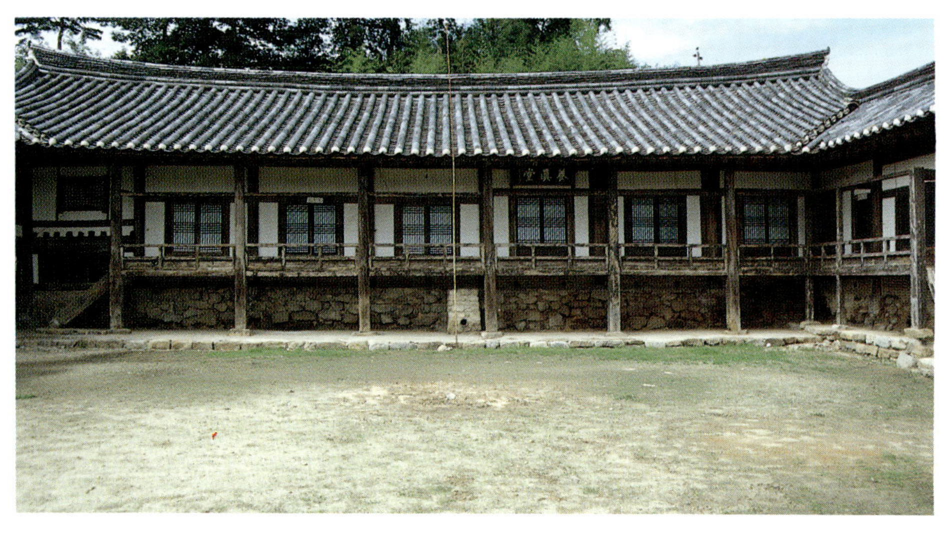

마루와 구들의 절충 마루밖에 없던 시절에 짓고 살던 집의 한 유형이다. 이런 집에도 구들 구조가 삽입되었다. 경북 상주군 낙동면 운평리의 양진당(왼쪽)

안마당 안마당에는 우물도 있고 기타의 살림 도구들이 구비되어 있기도 하다. 경북 안동 하회 충효당 안채(오른쪽 위)

장독대 뒷동산 산자락 정갈한 터전을 골라 장독대를 마련하였다. 대규모의 옹기로 독을 만들어 햇볕 잘 들고 통풍 잘 되는 자리에 늘어놓고 산다. 경기도 화성군 곳전 박희석 씨 댁(오른쪽 아래)

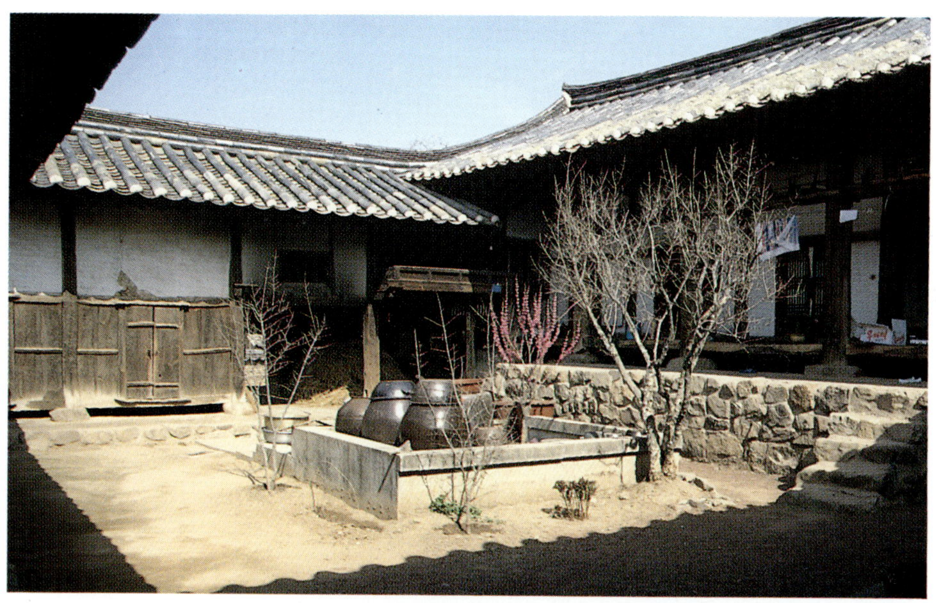

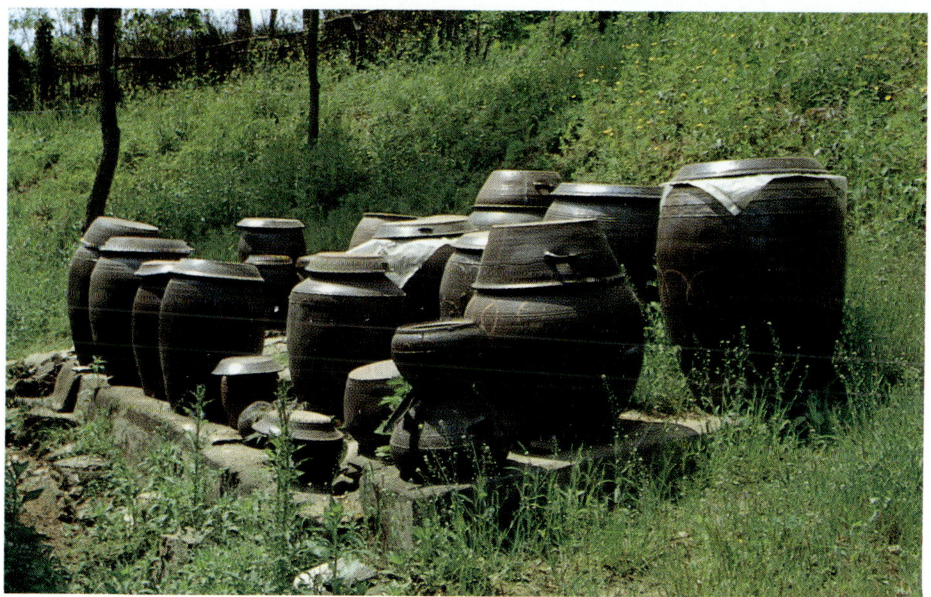

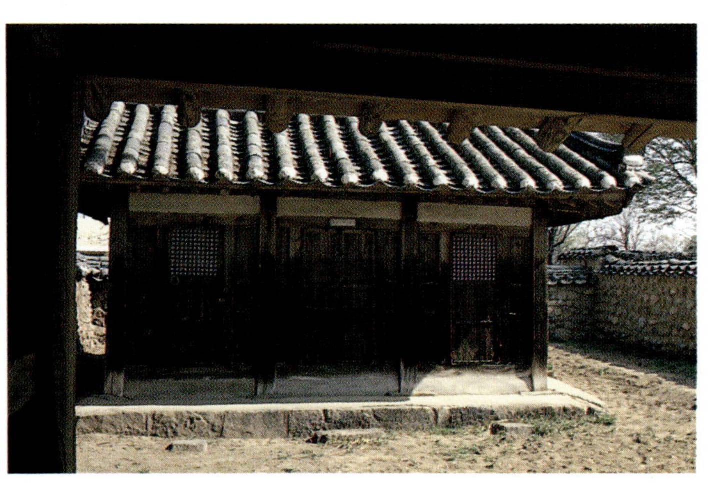

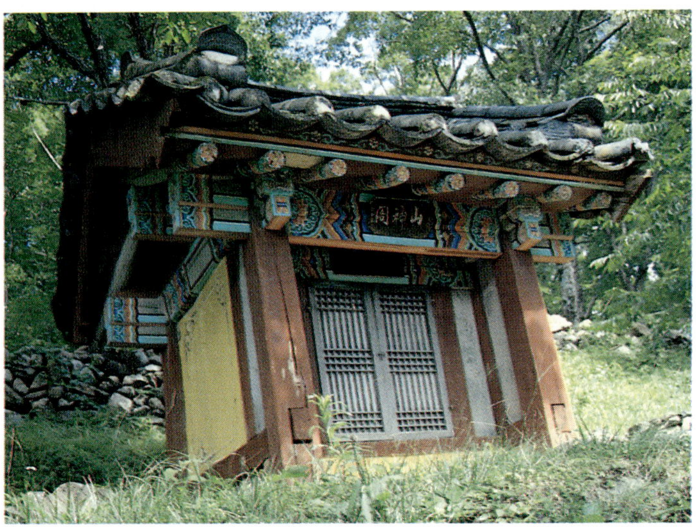

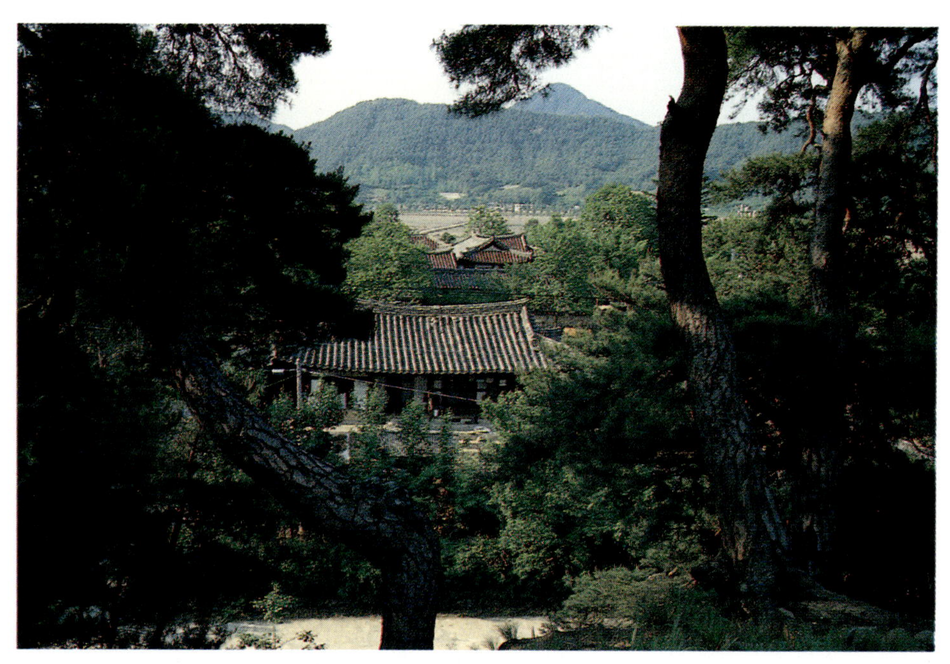

사당 돌아가신 4대 선조들의 위패를 모시고 봉축하는 곳인 사당은 산천 정기가 스며
 드는 첫 길목에 자리잡는 것이 보통이다. 안동 하회의 북촌댁(왼쪽 위)
산신각 조계산 송광사(왼쪽 아래)
명당 터 집은 배산임수(背山臨水)하는 명당의 터전을 골라 짓는다. 함양 지곡 정여창
 고택 마을의 산세(오른쪽)

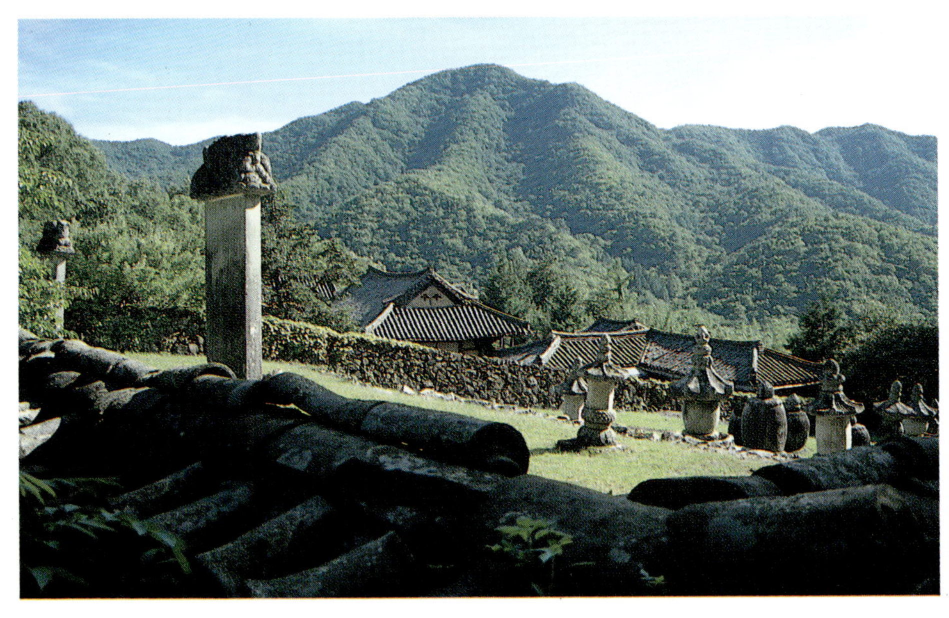

송광사 안대(眼對) 명기나 명당의 여건 중에는 뒷산이 의젓해야 할 것은 물론이려니와 바라다보이는 산도 그 모양이 수려해야 하였다.

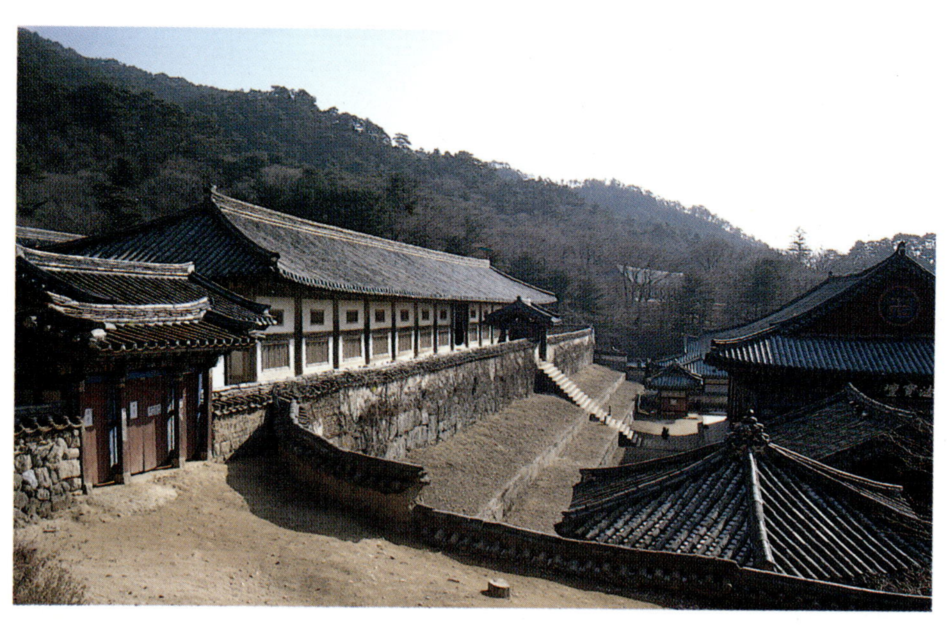

산중턱의 양지바른 터전 해인사 대장경판고

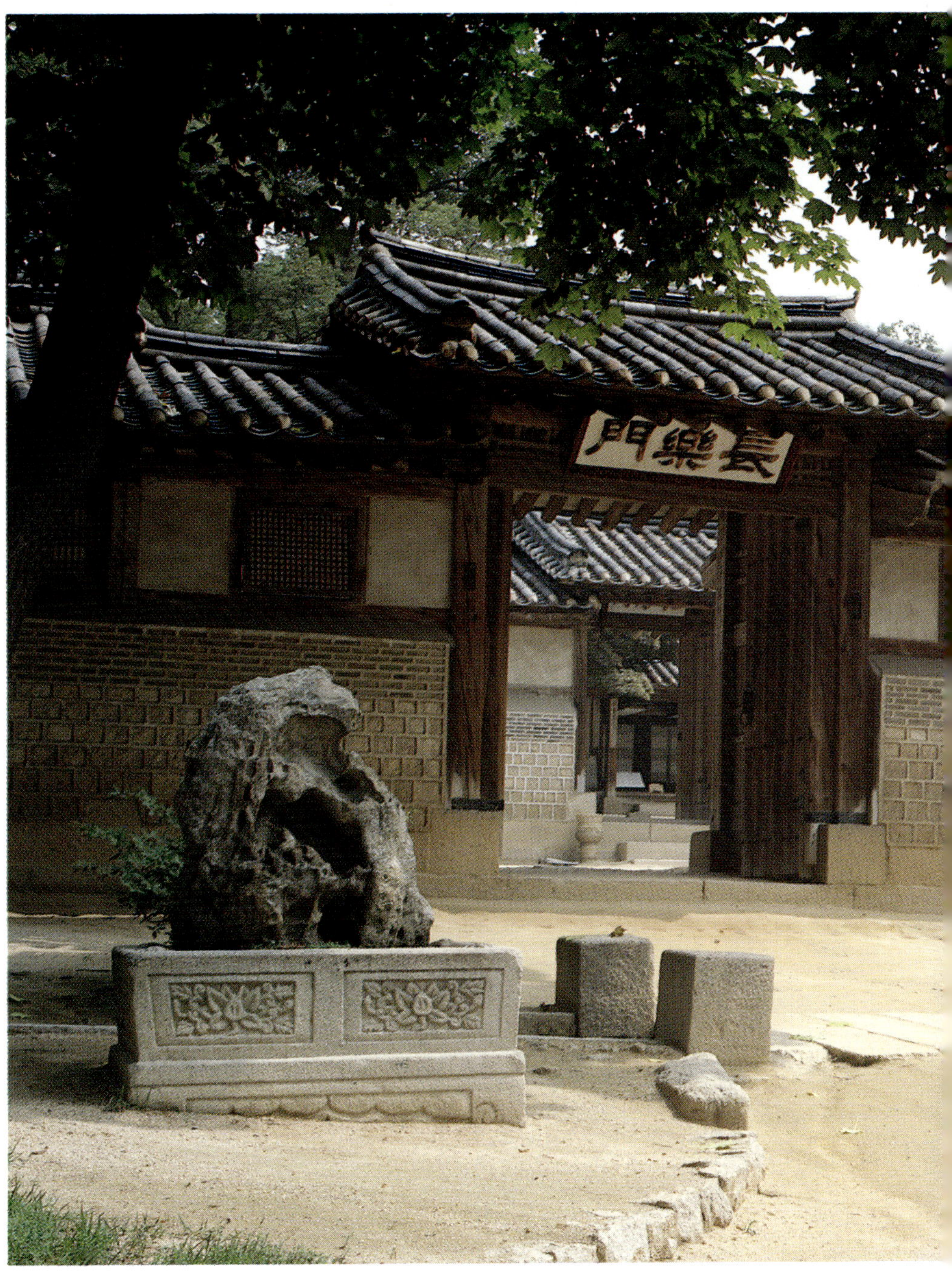

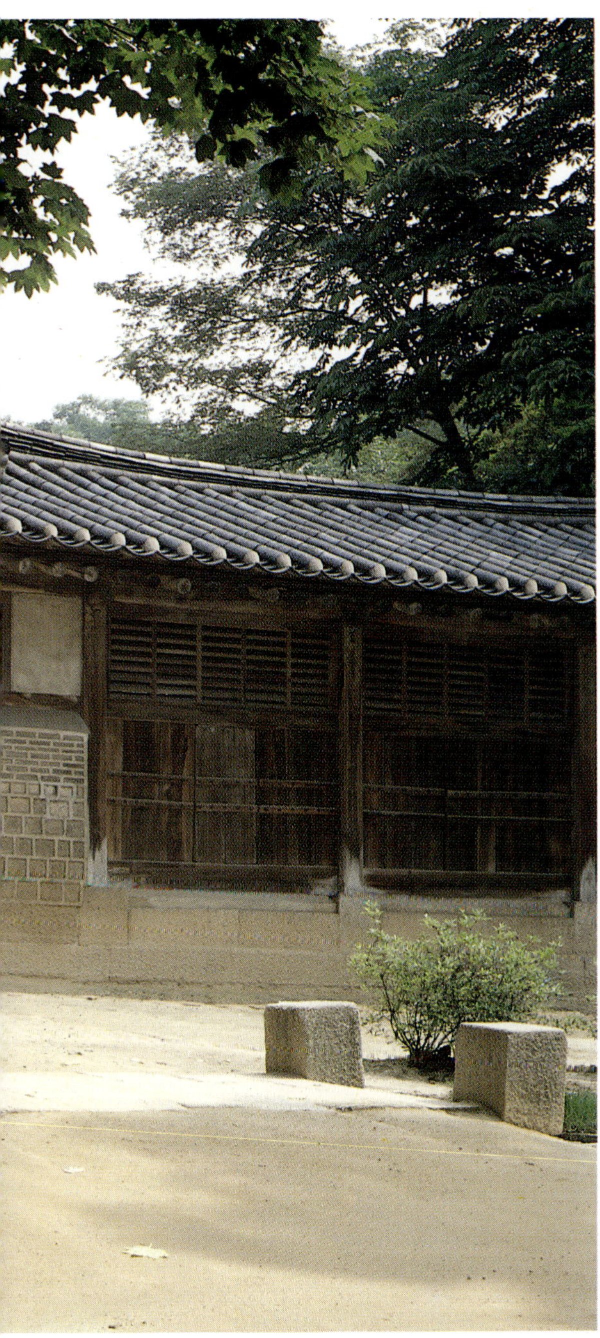

장락문(長樂門)　애련지 서반(西畔)에 장락
문이 서 있다. 불로장수를 희구하는 사람
들이 이룩하고 싶었던 이상향이 이 문을
들어서면서 연경당에서 완성된다.

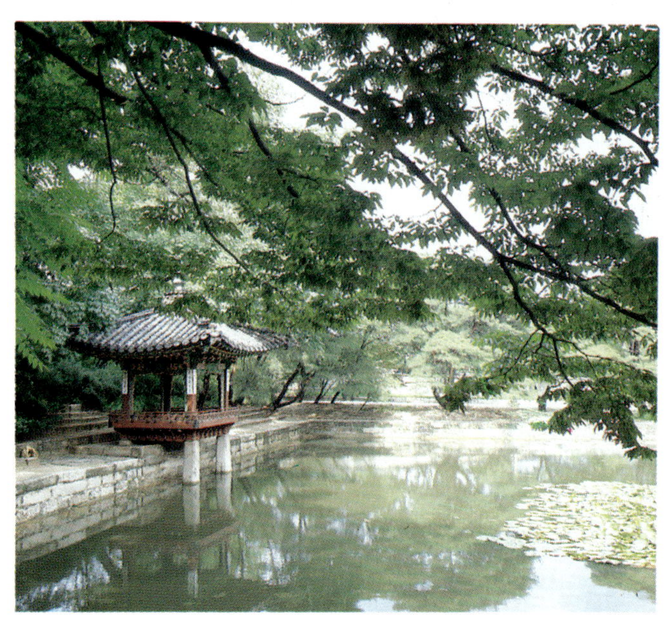

애련지 남향한 대문 앞 돌다리 밑을 통과한 명당수는 연당을 지나 애련지에 모이게 된다. 창덕궁 연경당 동쪽(왼쪽)

애련정 상당히 큰 규모의 정자 한 채가 애련지 북안에 있다. 단칸짜리 정자에 불과하지만 들어가 앉아 보면 삼라만상을 한손에 움켜쥘 수 있을 듯한 기개를 느끼게 한다.(오른쪽)

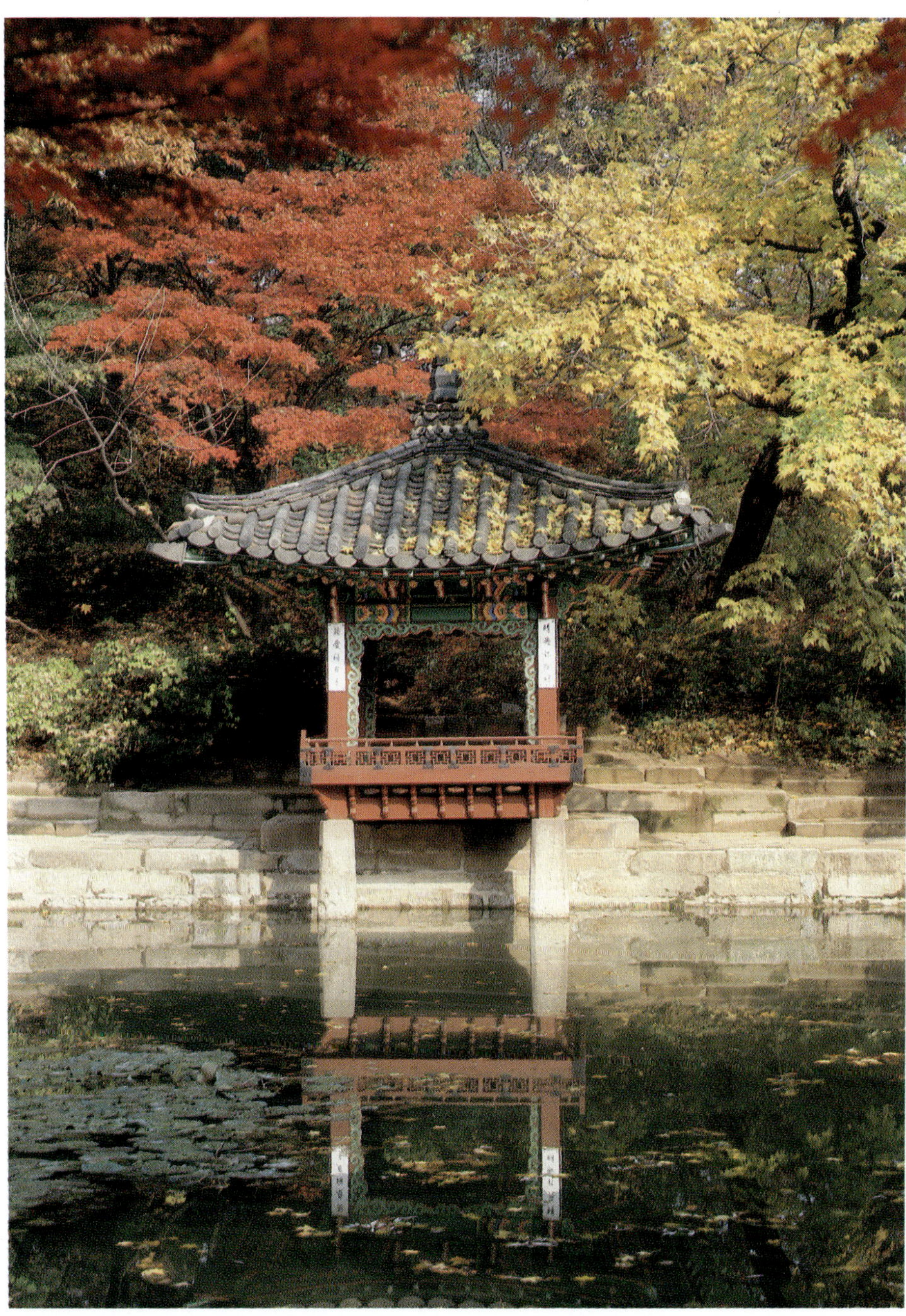

연경당 안채(왼쪽)
연경당 툇마루(오른쪽)

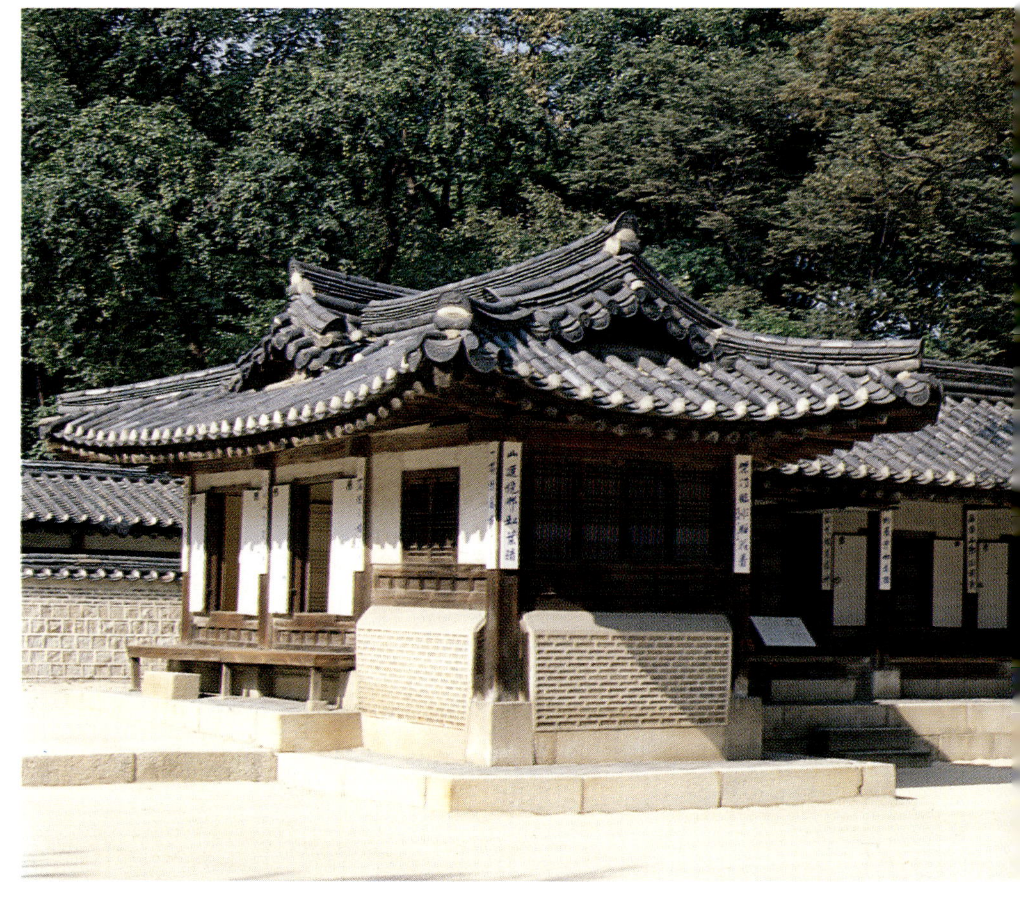

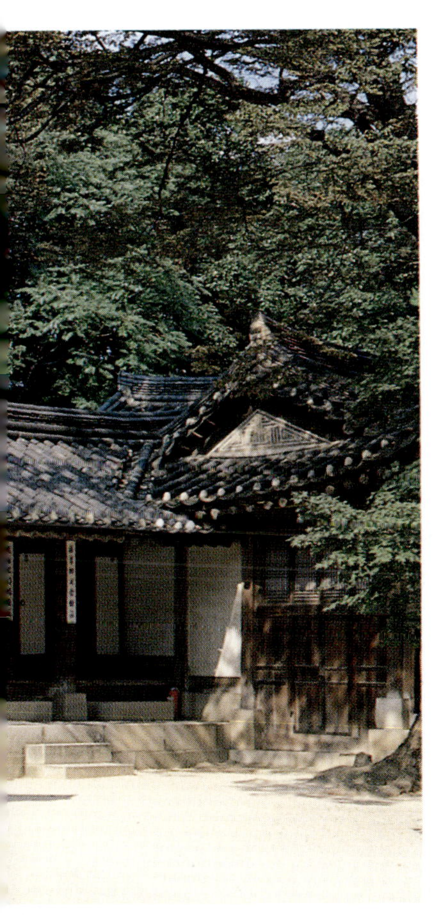
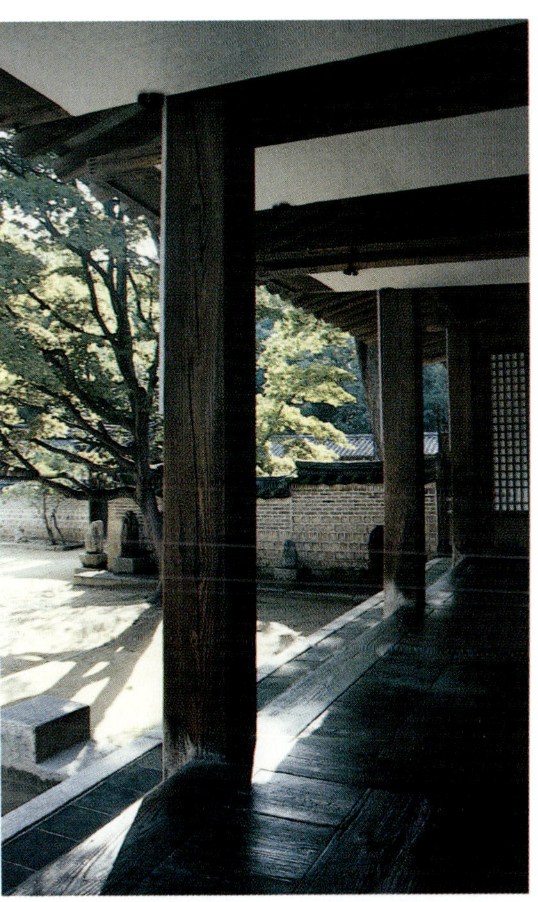

낙선재 내루 위는 시원하게 지낼 수 있는 내루가 돌출해 있는 모습이다. 아래는 구름
무늬가 새겨진 내루의 아랫부분이다.(왼쪽)
머름들인 창 경기 화성군 정용채 씨 댁(오른쪽)

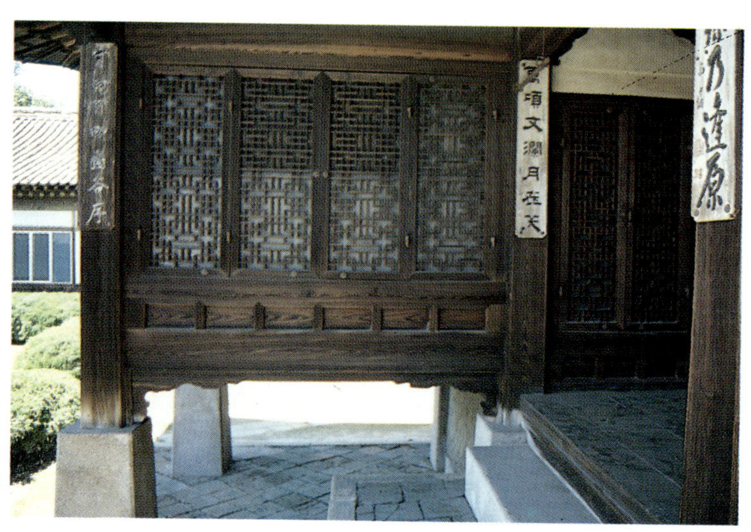

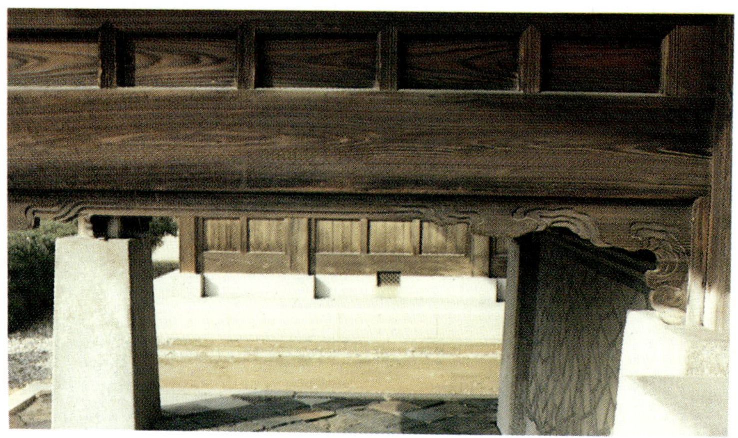

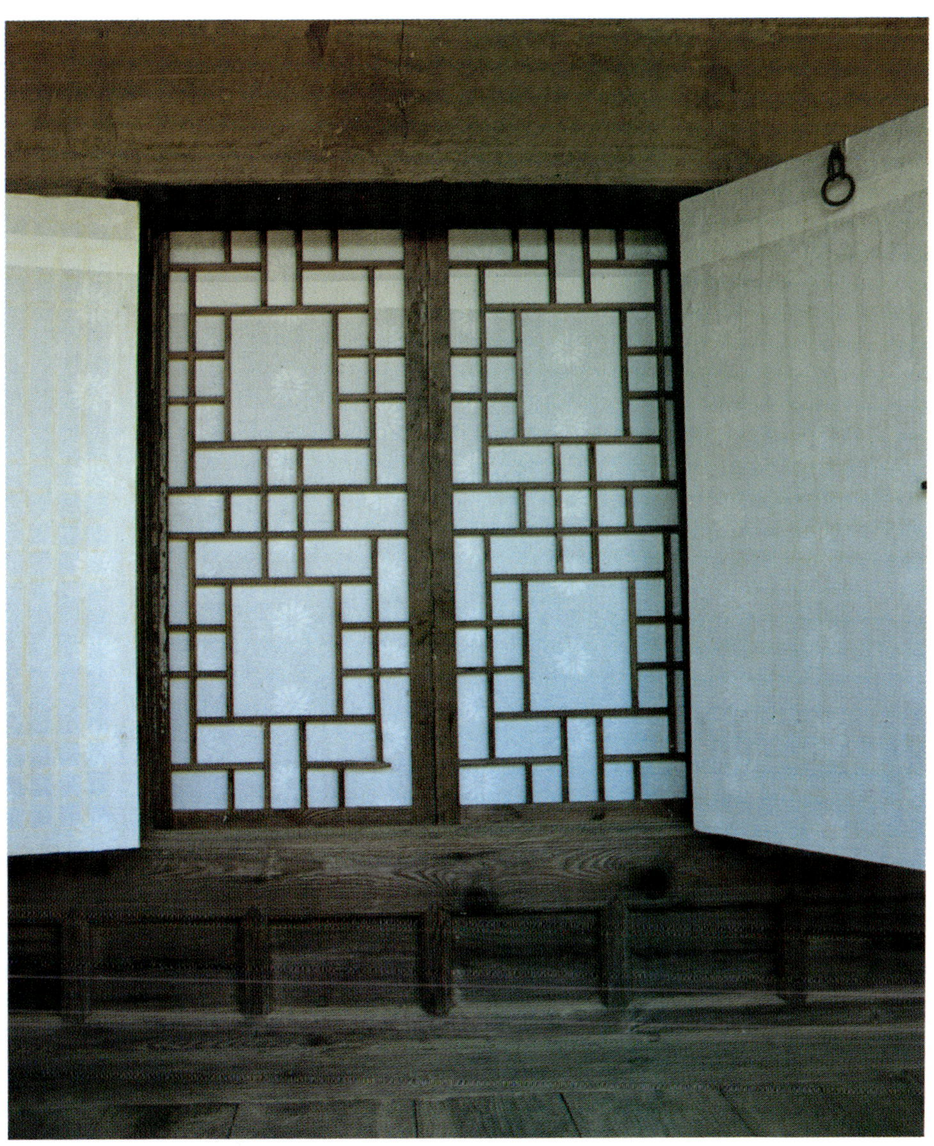

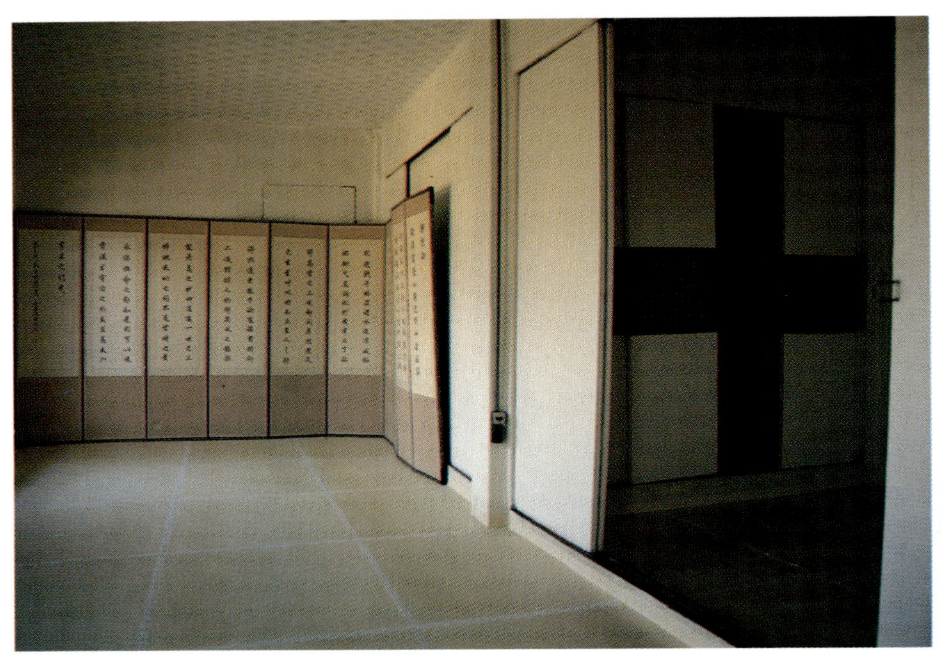

칸막이　용도에 따라서는 넓은 방을 칸막이 들여 나누어 쓰게도 하였다. 필요하면 이
　　　　칸막이들은 다 해체할 수 있다. 안동 하회 충효당(왼쪽)
사랑방　요긴한 세간들을 늘어놓은 잘 정돈된 사랑방이다. 백악산방(오른쪽)

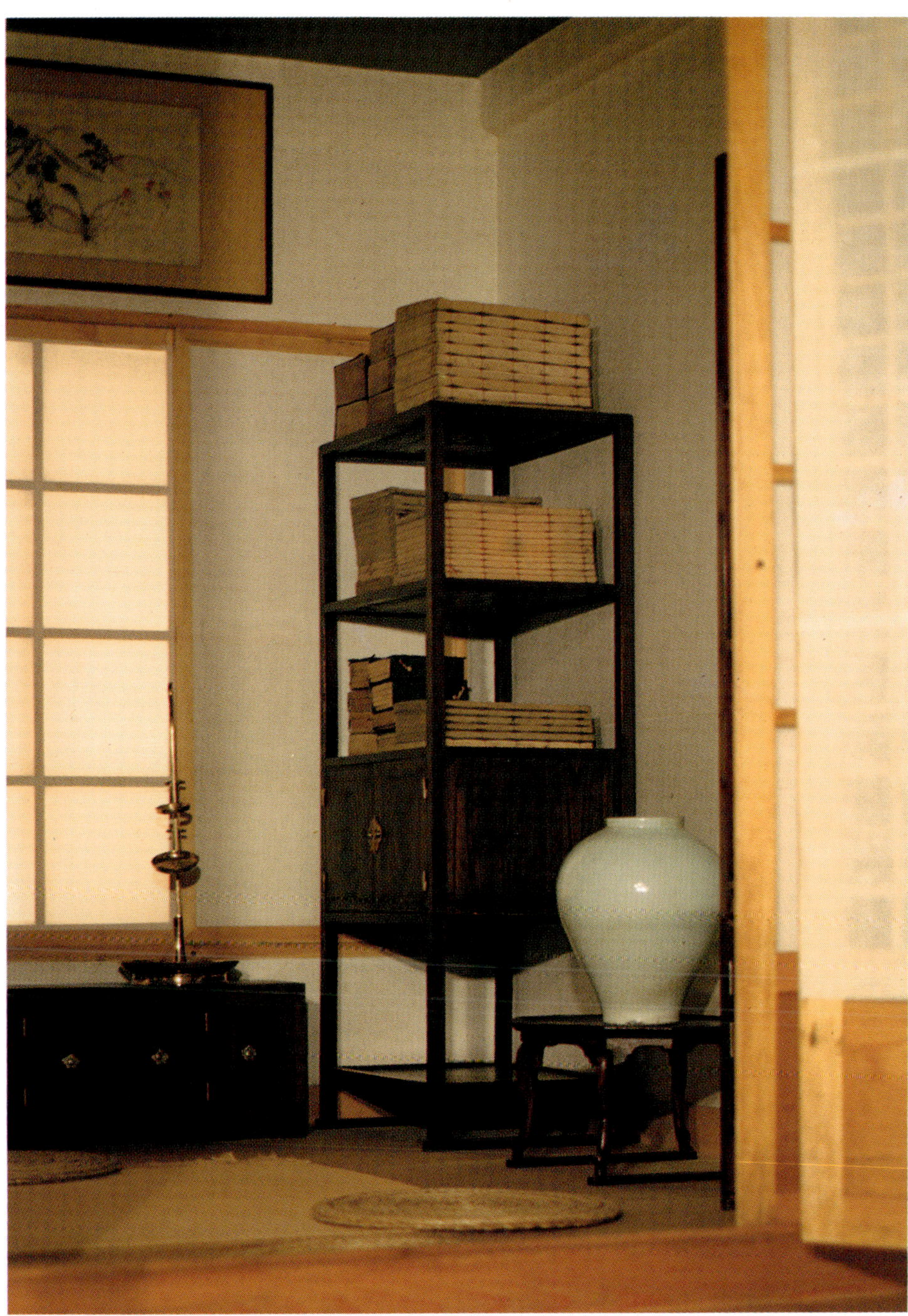

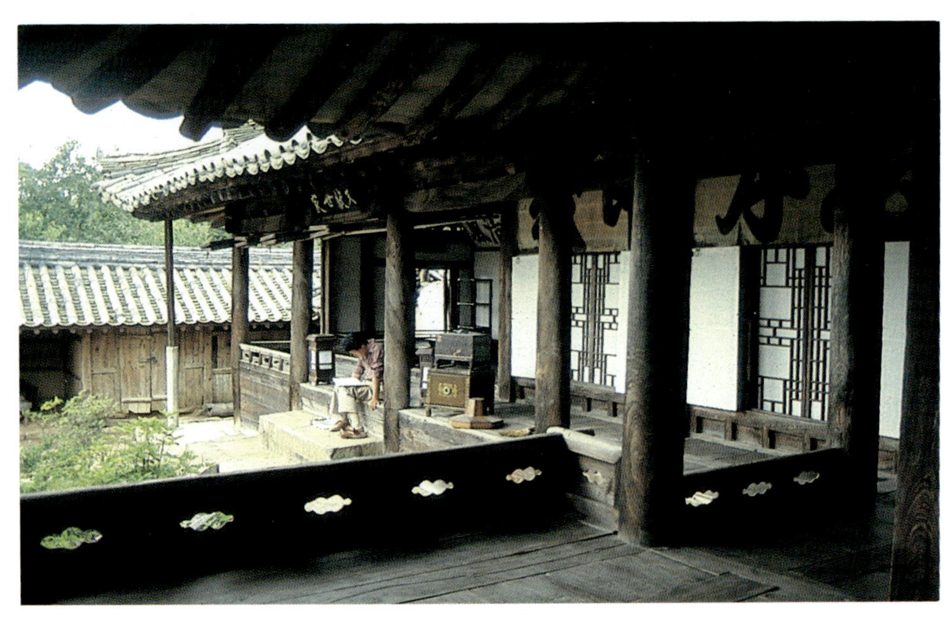

사랑채 실내냐, 아니면 실외냐의 구분이 한옥에선 뚜렷하지 않다. 한옥은 처음부터 그런 구분이 없었다고 할 수 있다. 경남 함양의 정여창 고택 사랑채

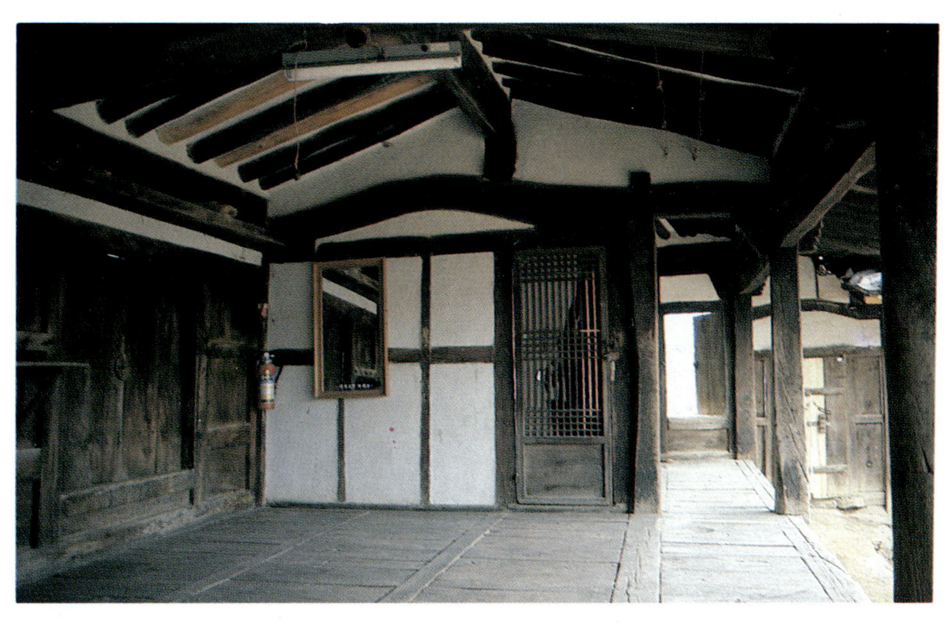

천장 높이 대청의 천장 높이는 선 사람 키의 두 배이다. 영천 정씨 댁 안채

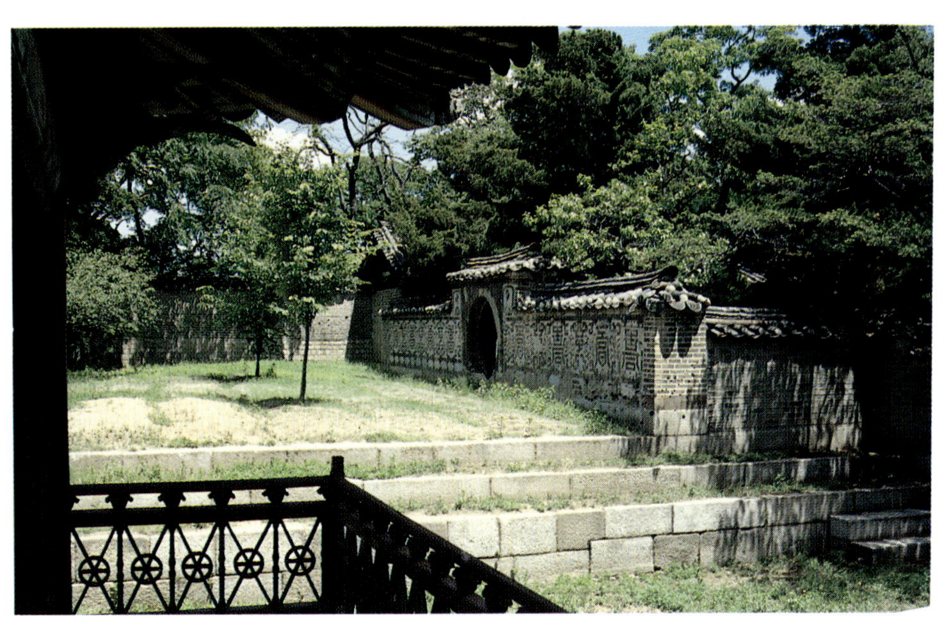

샛담과 문 난간의 둥근 살대를 통하여 샛담의 만월문이 보인다. 낙선재(왼쪽)
만살창 넉살로 만살창을 만들면 벽사무늬의 의도가 담겨진다. 부석사 무량수전(오른
쪽)

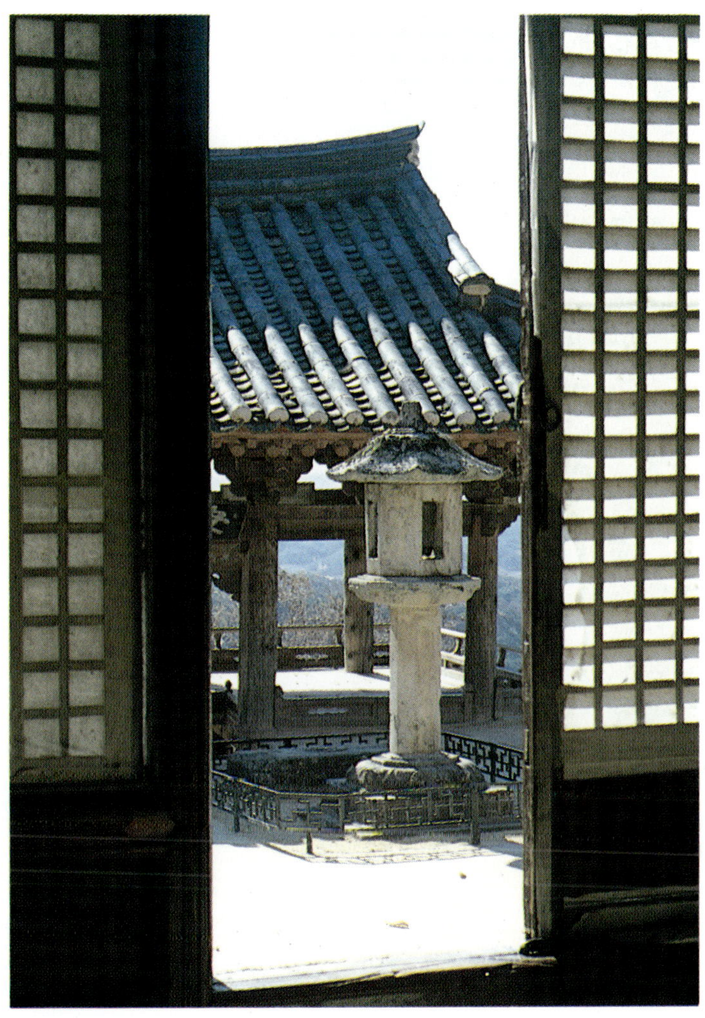

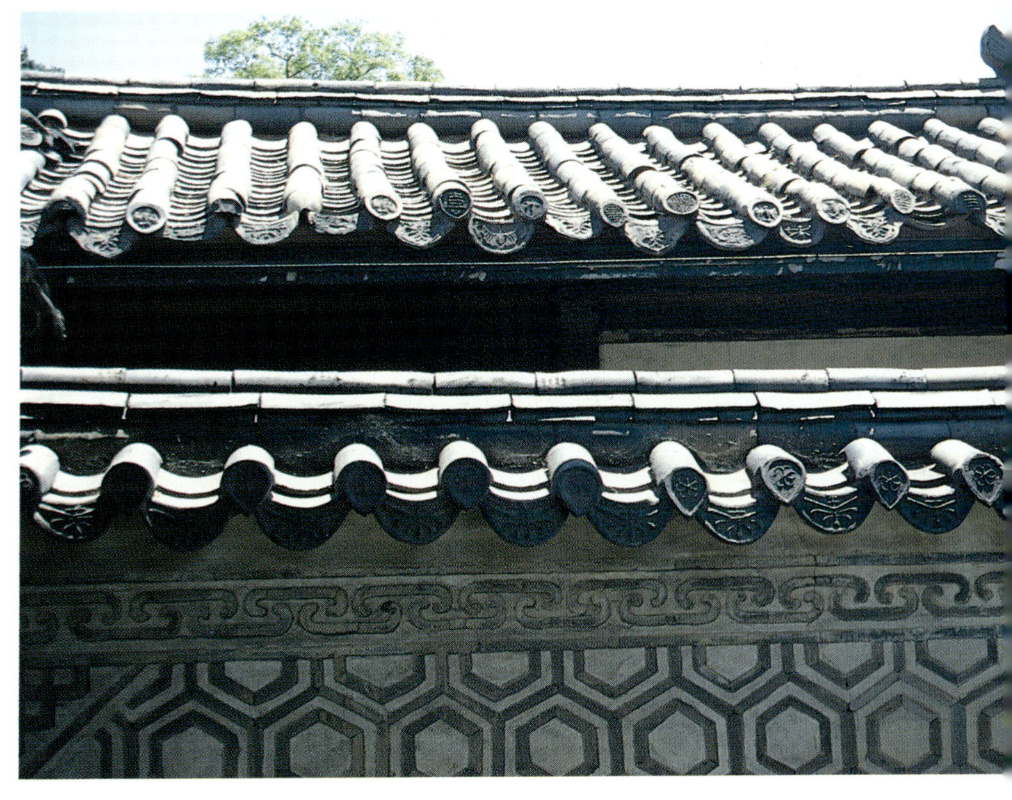

낙선재 꽃담 잡귀를 막으려는 벽사의지와 장수를 누리고 부부 화락을 의도하는 무늬
가 베풀어진 꽃담이다.(왼쪽)

석복헌 샛담 난간 끝과 문의 연결 부분인 샛담에 포도무늬 장식이 되어 있다. 다산
(多産)을 기원하는 상징적 무늬이다.(오른쪽)

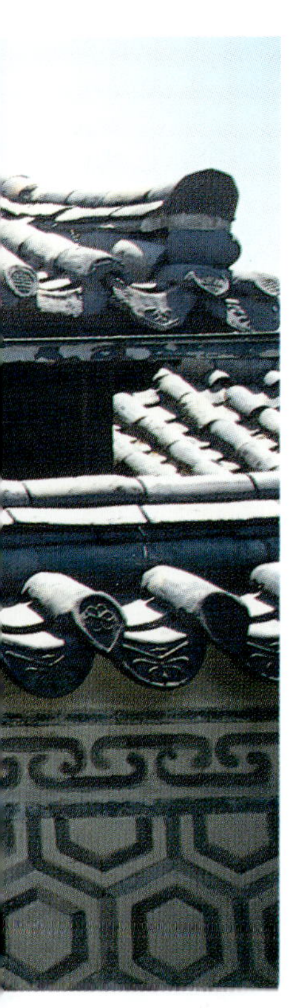

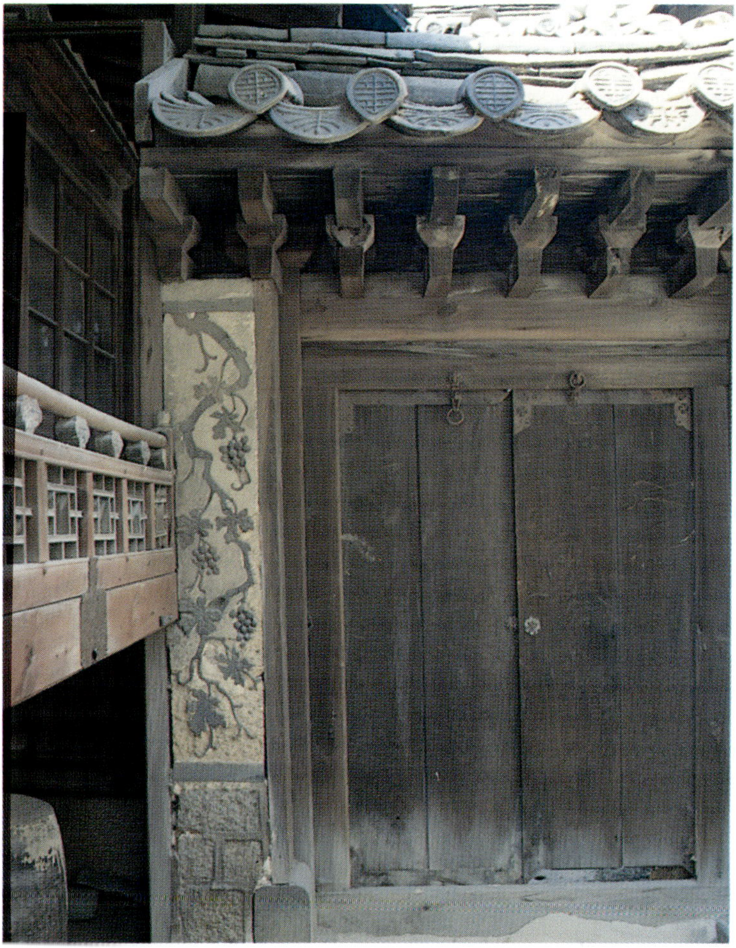

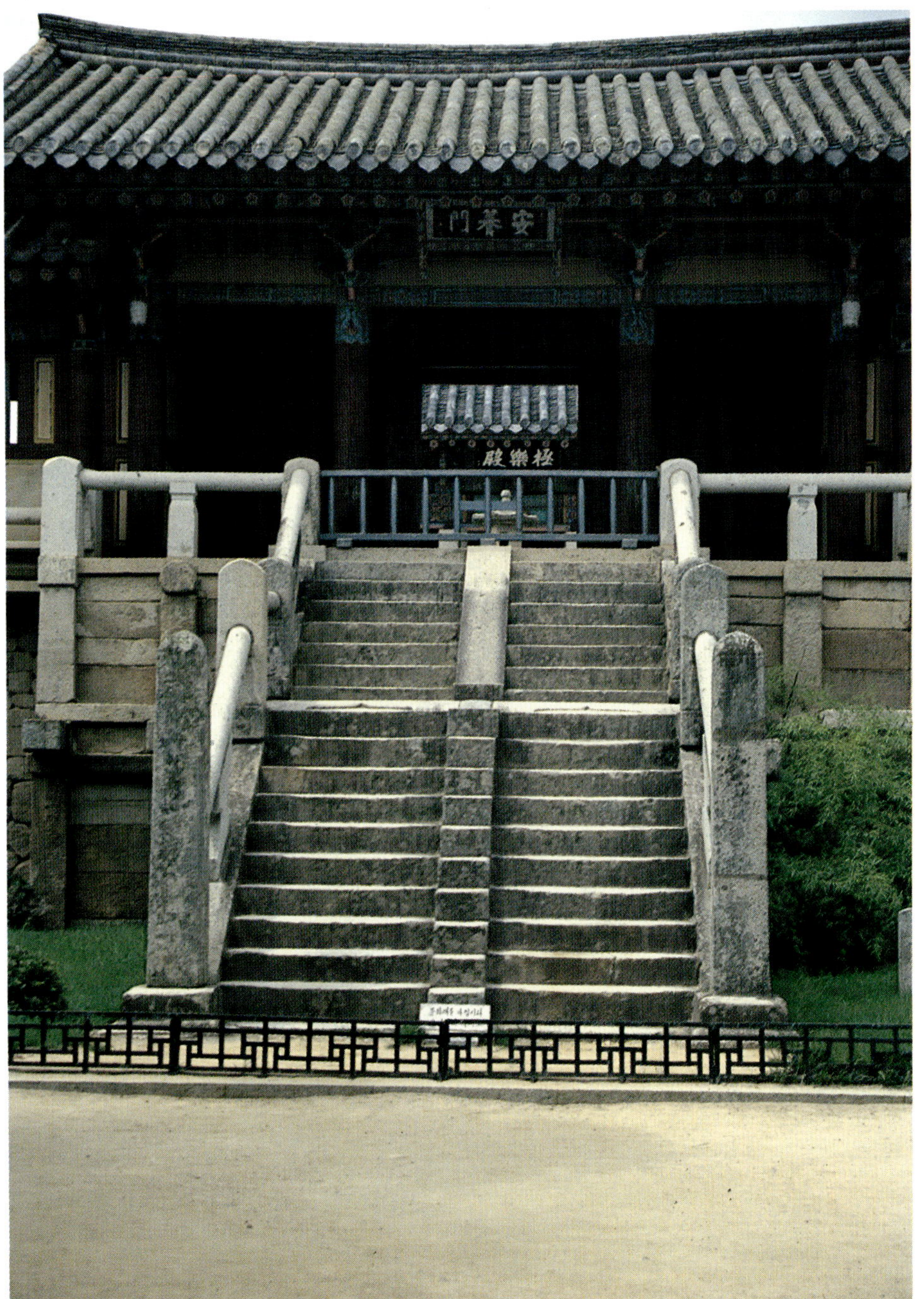

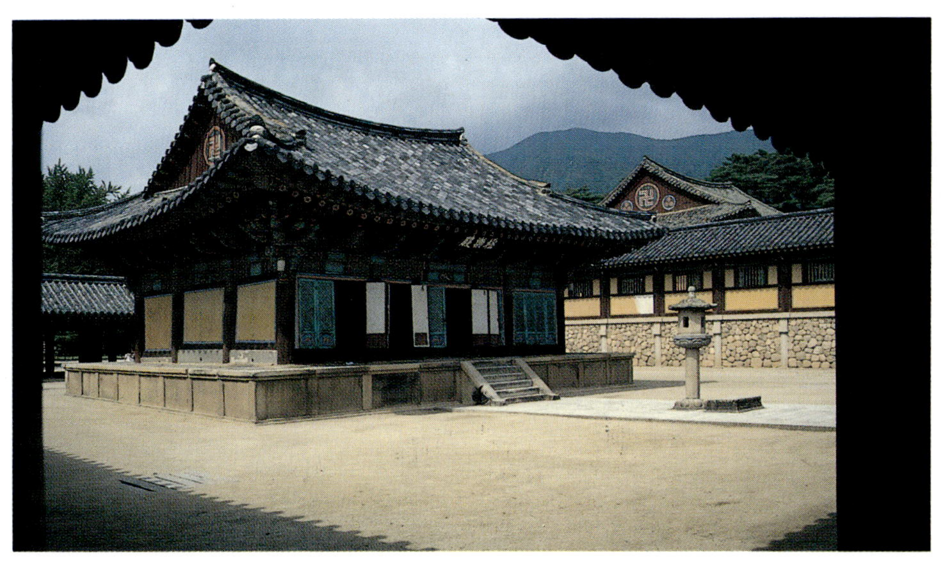

연화교와 칠보교 석가탑, 다보탑이 있는 대웅전 일곽의 서편에 극락전 일곽이 더 있
　다. 극락전에 올라서려면 구품연지(九品蓮池)로부터 연화교와 칠보교를 올라야 한
　다.(왼쪽)
극락전(오른쪽 위)
디딤돌 연화교의 층층다리 디딤돌에 연꽃을 새겼다. 일보일례(一步一禮)하며 오르던
　거룩한 길이었다.(오른쪽 아래)

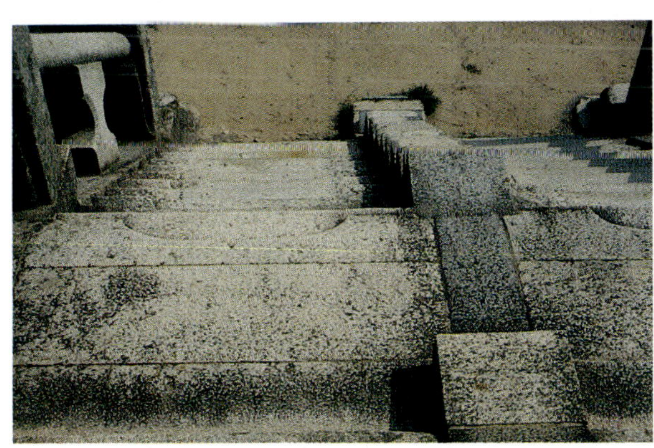

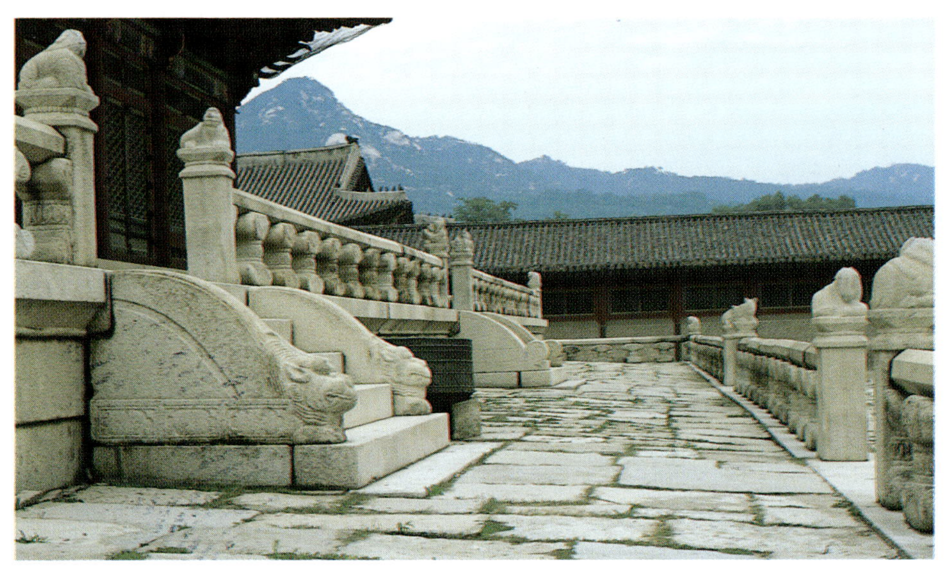

돌조각 경복궁 근정전 상하월대(上下月臺)의 문로주(門露柱)와 돌난간의 기둥머리에 조각이 있다. 뛰어난 능력을 갖춘 짐승들의 형상이다.(왼쪽)

돌계단 신성한 이상향인 대웅전에 이르는 계단이다. 법주사 대웅보전 앞(오른쪽 위)

돌계단의 하엽 짓궂은 사바세계에서 법당의 신성한 터전으로 올라서는 받침에 연꽃과 잎을 새겨 아름다운 의미를 부여하였다. 법주사(오른쪽 아래)

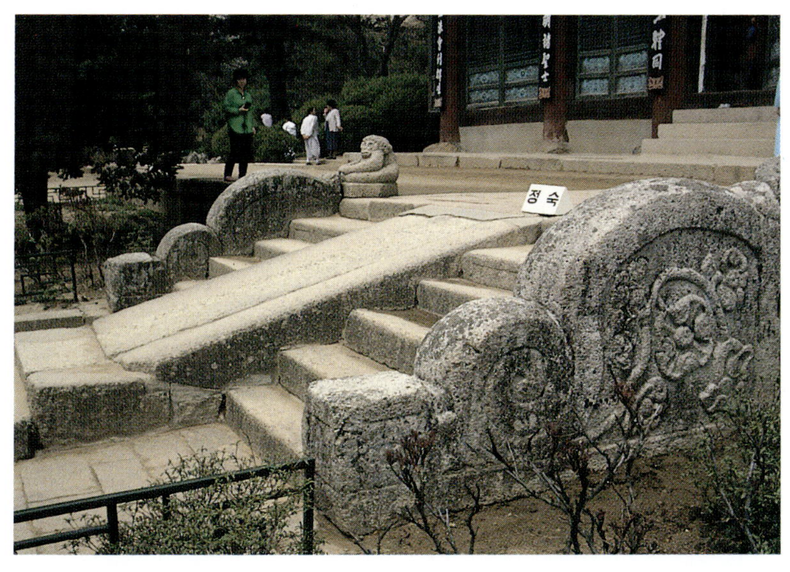
정 숙

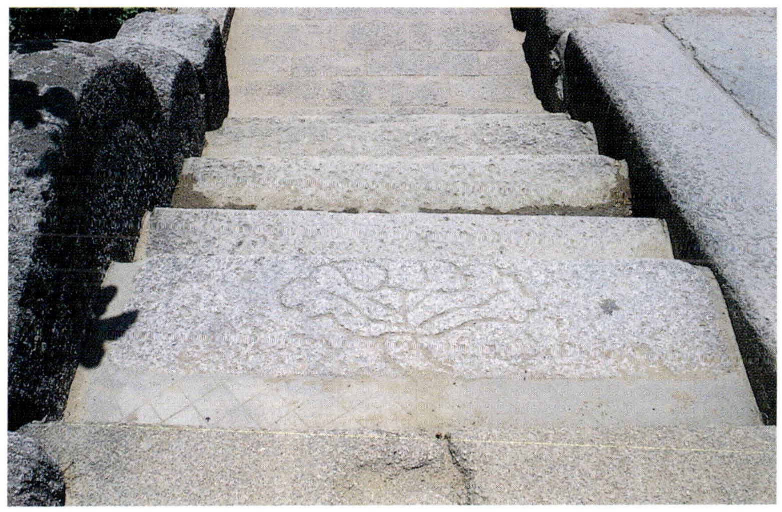

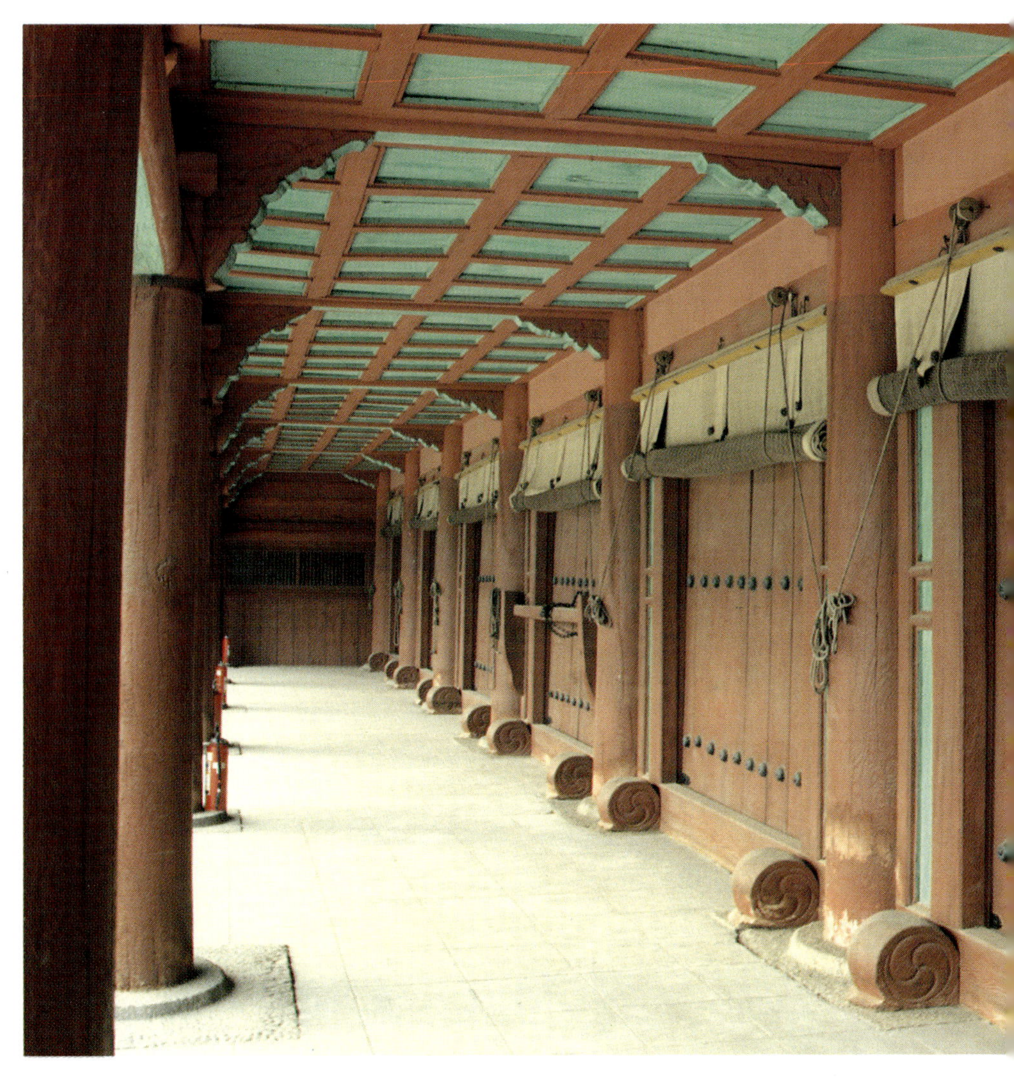

종묘정전 기둥 위에 구성된 작은 구름 한 가닥으로 이 거대한 종묘정전이 운상각(雲上閣)이 되었다. (왼쪽)

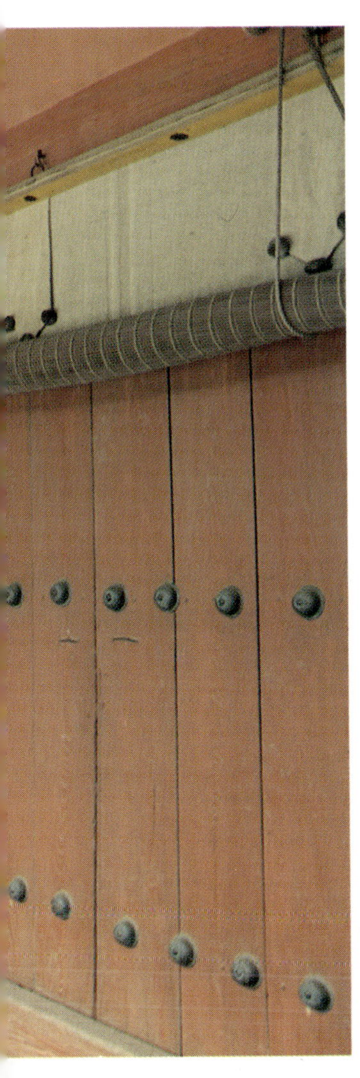

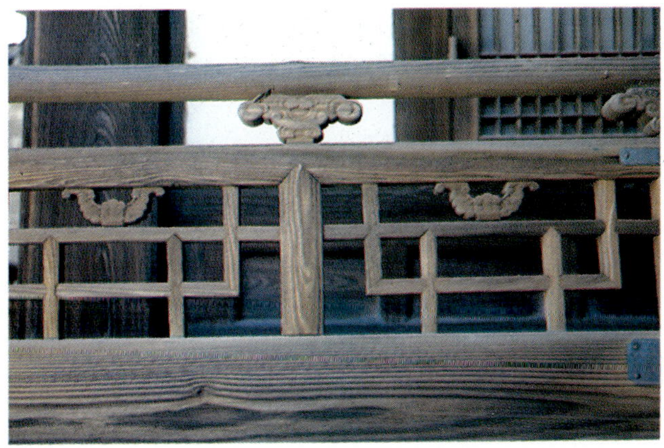

구름과 박쥐무늬 낙선재 뒤창 밖 쪽마루 끝의 난간에도 구름과 박쥐무늬가 선명하
　다. 길상의 뜻이다.(오른쪽)

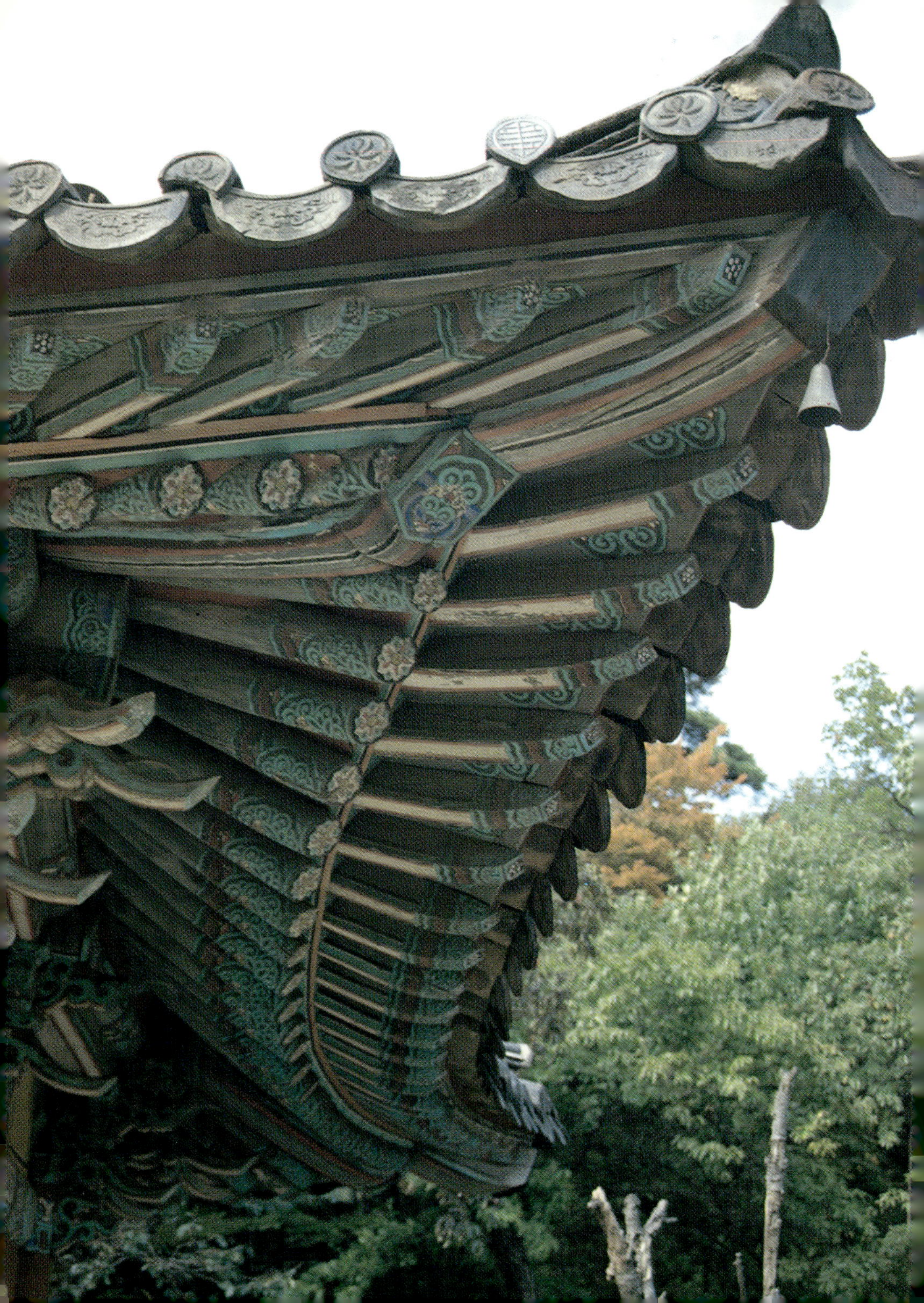

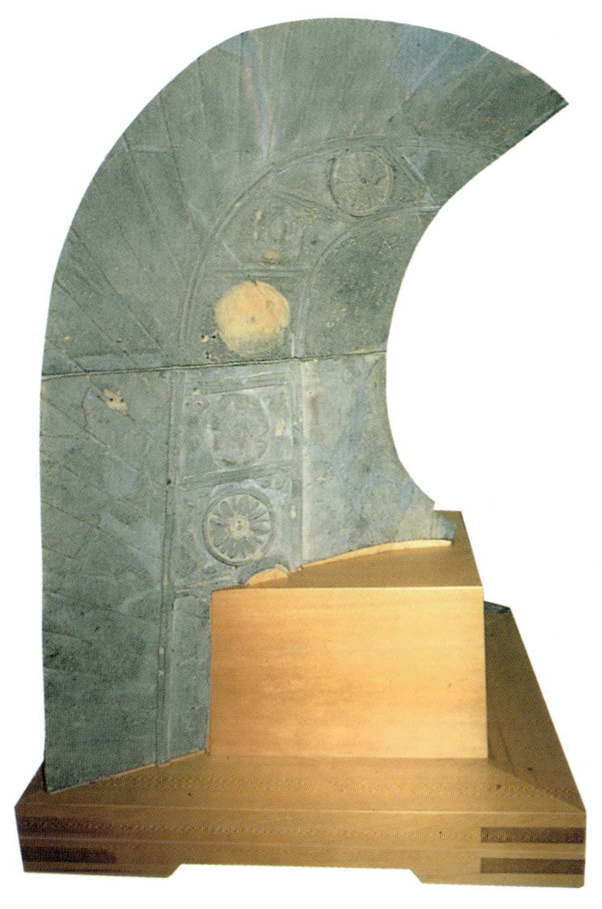

겹처마 우리나라의 처마는 좌우의 끝, 추녀나 사래가 있는 쪽이 상큼하게 솟아오른다. 당연히 중심부가 둥그스름하게 처져서 유연한 곡선이 이룩된다. 전등사 약사전 (왼쪽)

치미편(雉尾片) 2미터 가량의 높이인 치미편이 황룡사 금당 주변에서 발견되었다. (오른쪽)

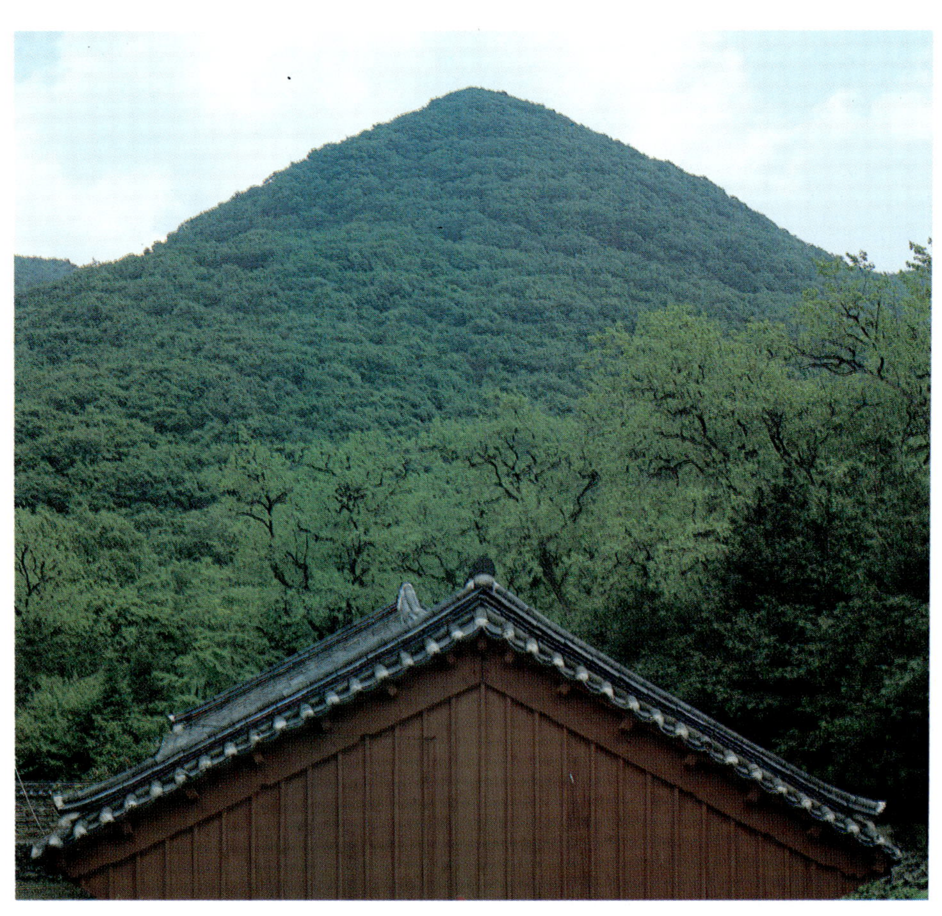

뒷산을 닮은 지붕 각이 넓은 삼각형 형태의 뒷산과 맞배지붕의 넓은 각이 서로 닮았다. 박공널을 댄 전각의 측면은 산의 수림과 어울려 자연에 동화되는 선인의 삶을 그대로 드러낸다. 전북 고창 선운사

뒷산을 닮은 지붕 뒷산의 세 봉우리와 세 집의 지붕이 닮았다. 지금은 충주댐으로
물에 잠긴 청풍 고을의 한 초가집 골목에서 바라다본 모습이다.

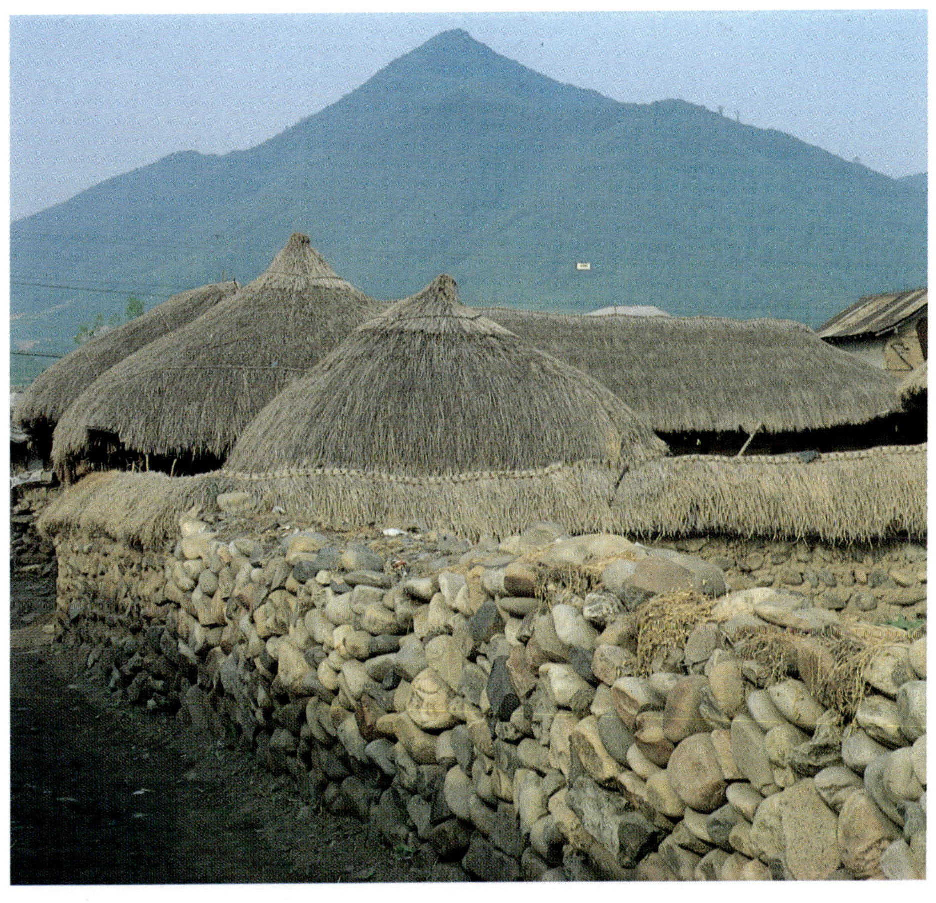

한옥의 조형

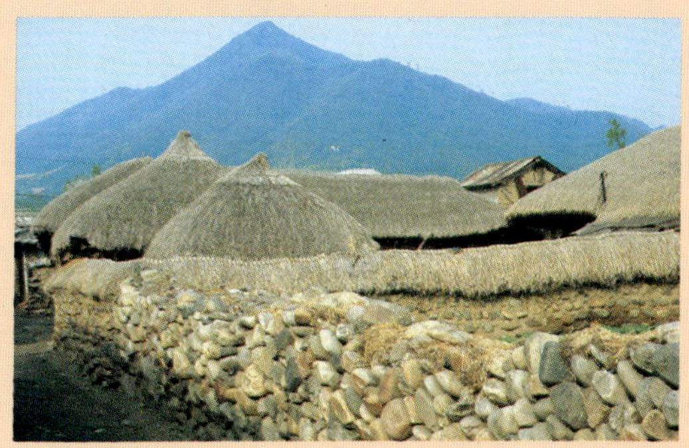

첫마디

우리나라의 집을 한옥(韓屋)이라 부른다. 다른 나라 집과는 다른 특색을 지녔다는 것이다. 한옥은 목조(木造)하는 건물이지만 중국이나 일본에서 목조하는 집들과는 차이가 있다. 목조하는 방식에는 다를 바 없으나 꾸미는 방식에서 크게 차이를 지녔다.

한옥은 구들과 마루로 구조된 집이다. 일본집에는 마루와 다다미 깐 방은 있으나 구들 놓은 온돌방은 없다. 구들 시설과 마루를 설비한 한옥과는 다르다. 중국 중원 지방의 살림집에는 구들도 없고 마루도 없다. 물론 부분에 마루를 설치하기도 하였으나 한옥과 같은 대청이 있는 제도와는 다르다.

일본과 중국 중원의 전형적인 집에서는 한옥에서 볼 수 있는 구들과 마루의 구성을 보기 어렵다. 구들과 마루를 갖추고 있는 집은 한옥뿐이다. 구들과 마루가 있는 집은 세계 어느 나라에서도 찾아보기 어렵다. 유일한 특성을 지니고 있다고 해도 무리가 없을 정도라 하겠다.

구들은 북방 추운 지방에서 시작되었다. 그래서 아주 폐쇄적인 구조가 강조되어 있다. 마루는 남방 고온다습한 고장에서 생성되었다. 더위를 견디기 위한 개방성이 강한 구조로 형성되어 있다.

두 구조는 아주 이질적이다. 이런 이율배반적이라고도 할 수 있을 두 요소가 오랜 세월을 두고 조금씩 절충하면서 적절히 접합하여 마침내는 공존하는 제도로 정착한다. 이런 집을 우리는 한옥이라 부른다.

우리나라 사람들이 늘 먹는 음식을 한식(韓食)이라 부른다. 다른 나라 사람들이 즐겨 먹는 음식과 다른 특성을 지녔다 해서 지어진 이름이다. 우리들은 특별한 때에 아름다운 의복을 즐겨 입는다. 얼마 전까지만 해도 늘 입던 의복이었다. 다른 나라 사람들이 입는 의복

과는 모양이 다르고 짓는 법도 다르다. 그것을 우리는 한복(韓服)
이라 부른다.

한옥과 한식과 한복은 우리 살림살이에 요긴한 것이고, 이는 의·
식·주라는 생활 기반에 특색이 있음을 알게 된다.

집 짓고 사는 사람들은 쾌적하기를 소망하고 희구한다. 이런 소망
과 희구를 이상성(理想性)의 추구(追求)나 형성(形成)이라 부른다.
이상성은 매우 개성적일 수 있다. 사람마다 제각기 소망하는 바가
다르기 때문이다. 생각이 다른 소치로 집은 저마다 달라서 지금까지
전국에서 조사해 온 수많은 집들은 하나도 같은 것이 없을 정도로
다양하다.

이상성의 내용이 매우 개성적이긴 하지만 그들을 한자리에 모아
놓으면 거기에서 어쩔 수 없는 공통점이 있음을 보게 된다. 살고
있는 고장의 시류(時流)에 따라야 하는 제약에서 기인된 공통성이
있다. 이 공통점에서 한 시대의 보편적인 이상성을 추출해 내게
된다.

양친부모 모시고 온 가족이 안존하게 살 수 있게 지은 집을 이상
형이라 보았다. 규모 크고 완벽한 집을 동경하긴 하였지만 분수에
넘친다 싶으면 그보다 단출한 집이라 하더라도 탈없이 살 수 있다면
그것으로 만족하였다.

양친부모 모시고 세세연년 화평하게 살기 위하여 집 짓는 데 세심
한 배려를 하였다. 이 글은 그런 배려에서 표출해 낸 표징들을 살펴
보고 그들이 추구하였던 속뜻을 알아보려는 데 주안점을 두었다.

지혜외 지식과 경험과 기예(技藝)가 난숙하게 발휘된 풍부한
표정이 이들 집에 있다. 그런 표정을 살피는 일은 우리에게 아주
흥미롭다. 더욱이 옛분들의 정감과 맞닥뜨려 볼 수 있다는 가능성까
지 예견되는 노릇이어서 우리들을 들뜨게 한다. 어렵더라도 차근차
근 표정들을 읽어 봐야겠다. 행복한 일이 아닐 수 없다.

움집

　기원전 2333년에 고조선이 개국한다. 시베리아와 북만주 일대에 강역(疆域)을 마련하였다. 이 지역의 겨울은 대단히 춥다. 백성들은 지독한 추위를 견디기 위하여 땅을 파고 들어가 지하에 움집을 지었다. 지하 1미터에서 1.5미터 가량의 깊이였다. 지열(地熱)을 이용하려는 생각이었다. 그러나 지열만으로는 추위를 면하기 어려워서 움집 바닥에 고래를 켜고 구들을 들였다. 그 구들에 불을 지펴 난방하였던 것이다. 이를 온돌이라 부른다.

　폭 40센티미터, 높이 30센티미터 가량으로 방바닥을 도랑처럼 판다. 이 도랑이 초기 구들의 고래가 된다. 그 고래 위에 납대대한 판석을 이맞추어 나란히 늘어놓아 덮는다. 이것이 구들장이다.

　고래의 앞쪽에 불 지피는 화구(火口)를 만들고, 고래 뒤편 끝은 집 밖으로 내어 굴뚝을 만든다. 화구에서 불을 지피면 뜨거운 열기가 고래를 덥혀서 그 더운 기운으로 방안이 따뜻하게 된다.

　초기에 고래는 한 가닥으로 설비되기도 한다. 중국 사람들이 부르는 장항(長炕)이 이에 속한다. 걸터앉을 수 있게 만든다. 방 전체는 맨바닥이거나 자리를 깔거나 하고 한쪽에만 구들 한 가닥을 설비한 것이다.

　구들은 뒷날 고구려(高句麗 ; 기원전 37년~서기 668년)의 백성들 집에도 채택된다. 고구려는 중기에 이르러 남쪽 영토를 개척하는 남진 정책을 쓴다. 5세기에는 서울(당시 수도는 국내성)을 압록강 연안에서 대동강가의 장안성(長安城 ; 平壤)으로 옮기면서 적극성을 띤다.

　고구려의 방침은 점령지의 백성들을 다른 지역으로 옮기게 하고 개척지에는 고구려인들이 진주하여 장악하는 제도였다. 고구려 백성들은 소백산을 넘어 남쪽으로 진출하면서 그들의 문화도 동반한다. 구들 있는 움집도 따라 내려가게 되었다. 결과는 구들의 시설이 남쪽으로 전파하게 된 것이다. 지금의 영덕(盈德 ; 경북지방)에서 더 남쪽까지 진출하였던 고구려는 얼마 후에 신라군에게 밀려 북상하게 된다.

고구려군이 물러간 이후에도 이 구들은 지역 주민에게 애용되고, 마침내는 따뜻한 남해안에서조차도 집집에 온돌방을 구조하는 정도로 보급되었다. 그리고는 드디어 북위 33도인 아열대성 기후의 제주도에까지 파급된다. 한국 전역에 구들 시설이 보급되게 된 것이다.

움집은 꾸준히 지어진다. 원초 이래로 십 수세기 동안 계승되어 오늘에 이르고 있다. 움집엔 약점이 있다. 사계절이 뚜렷한 한반도의 기후는 추운 겨울철에 비견될 만한 무더운 여름의 기간이 있다. 이 시기엔 장마가 진다. 한 달이고 계속되는 장마철엔 억수 같은 비가 퍼붓기도 한다. 움집에 빗물이 스며들거나 물골을 타고 큰 물이 들이닥치기도 한다. 무덥고 습기 차고 빗물에 홍역을 치른다.

단점 보완이 요망된다. 남쪽 지방에서는 더욱 절실하다. 차츰 지표 위로 노출하는 집으로 바뀌어 간다. 지상 건축물로 그 모습을 탈바꿈하게 된다. 움집은 김치광 등의 저장용과 직조나 피혁 가공용 건물 등으로 특수화된다.

움집의 지상 노출

움집이 지표 위로 올라앉아 지상 건축물이 된다. 처음엔 움집의 지표 이상의 건축만이 구조된다. 수렵시대의 옮겨다니며 짓고 살던 집처럼 간결하게 짓는다. 농사가 본격화되지 않던 떠돌이 시절엔 수렵해서 잡은 짐승 가죽을 벗겨서 장대를 피복하였다. 마치 서부에

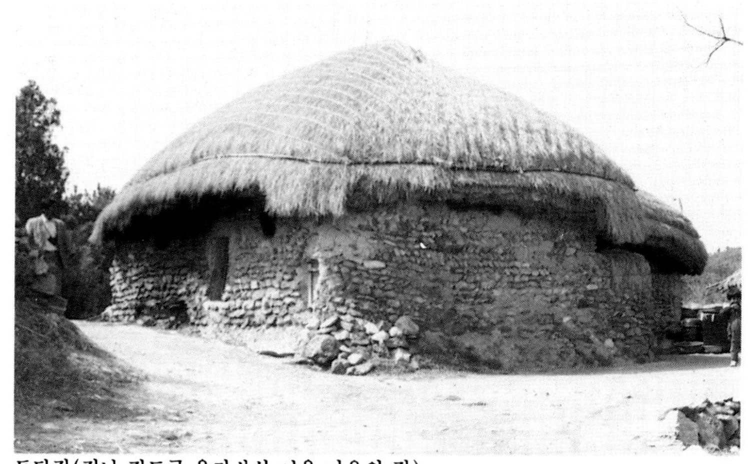

토담집(전남 진도군 용장산성 이웃 마을의 집)

살았다는 아메리칸 인디언들의 떠돌이집과 흡사한 모습이었다.

농사 짓기 시작하면서 붙박이 시대가 되면, 산이나 들에서 채취할 수 있는 재료들을 써서 덮는다. 억새풀이나 갈대나 산죽과 같은 것들이 유용하였다. 이런 재료를 써서 짓는 예는 지금 깊은 산골에 가면 소박한 집에서 찾아볼 수 있다. 인구가 많아지고 농사가 본격화되면서 집은 점점 더 견고하게 짓게 된다. 주변에서 쉽게 얻을 수 있는 재료를 능숙하게 사용할 줄 알게 되면서 이긴 흙과 알맞은 돌멩이가 유효적절하게 사용되었다.

땅 파는 연모가 아직 돌이거나 무딘 무쇠의 제품일 때 땅 파는 일이 쉽지는 않았다. 마냥 파도 동그마한 웅덩이가 되기가 고작이었다. 그래서 지금도 움집 터를 발굴해 보면 움집 윤곽이 감자를 닮았거나 고구마 형상에 유사하다. 반듯하게 파기 어려웠던 것이다.

8쪽 사진　　지상에 노출되고서도 모를 세워 벽체를 구성한다는 일은 쉽지 않았다. 역시 엇비슷이 둥그스름하게 짓는 수밖에 없었다. 이 집도 그런 평면의 집이다. 마을의 여러 사람들이 협력해서 이런 집 짓는다. 이런 집을 짓는 데는 훈련된 기술자를 초빙하지 않는다. 그래서 그만큼 질박하게 완성되며 원초적이다.

북방 굴뚝

북위 38도선만 지나도 산골짜기의 겨울철은 퍽 춥다. 북방으로 가면서 추위는 더욱 기승을 부린다. 구들에 많은 나무를 지펴야 추위를 견딜 수 있다. 아궁이와 뚝 떨어진 반대편에 굴뚝을 높이 세워야 불을 내지 않고 잘 들이게 된다.

겨울철엔 북서풍이 강하게 불어댄다. 북서풍이 불어닥치면 찬공기가 굴뚝을 타고 역류하는 현상이 생기기도 한다. 이런 일이 있어서는 나쁘다. 불이 잘 들이지 않게 되기 때문이다. 그래서 굴뚝을 집의 어디에 두느냐에 관심을 두었고 그 높이를 얼마만큼 할 것이냐에 유의하였다. 굴뚝에서 지나치게 빨리 방열되어서는 크게 열 손해를 본다는 사실도 알게 되었다. 이 점에도 주의하여야 했다.

연기는 매콤하다. 연기가 뿜어져 나오면 그을음도 따라나온다. 연기가 집 안에 들게 해서는 나쁘다. 연기가 들면 매워 눈물을 흘리게 되고, 그을음이 떠다니다 앉으면 그 자리가 시커멓게 변해서 지저분해진다. 그래서 굴뚝을 집에서 되도록 밀리 떨어지도록 시실하려 했다. 그런 조건을 충족시키려고 상통 시방의 이 집은 기외 10쪽 사진 이은 거대한 굴뚝을 만들어 내었다.

남방 화덕

남쪽 지방은 북방에 비하여 여건이 다르다. 같은 구들 시설이지만 따뜻한 남쪽 지방 구들은 북방보다 간결한 편이다. 많은 나무를 매번 지피는 것이 아니므로 알맞게 만들어도 무방하였다.

구들 시설의 기본이 되는 삼대 요소는 아궁이와 고래와 굴뚝이다. 아궁이와 구들 설비는 대동소이하게 구조되지만 굴뚝은 조금씩 달라지게 된다. 북방의 굴뚝은 아궁이의 반대편 벽에 의지하고 세워지나 남쪽의 굴뚝은 마당에 면한 섬돌에 배기구만 빠끔하게 뚫는 것으로 끝내기도 하고 부뚜막 한쪽에 세우기도 한다. 적은 양의 나무를 때서 얻은 열량을 최대한 잡아 두려는 의도의 시설이다.

11쪽 사진 　이 집은 남쪽에 있다. 아궁이 옆에 굴뚝을 설비하였다. 굴뚝에서 연기가 피어 오르고 있다. 이런 굴뚝이나마 제주도에선 설치되지 않는다.

제주도의 집은 매우 보수적이다. 옛날의 모습을 지금도 역력히 지켜오고 있다. 제주도 부엌엔 부뚜막이 없다. 부뚜막이 없다는 것은 아궁이에 큰 불을 때지 않는다는 관습이기도 하다. 제주도는 원래 마루만이 있던 고장이다. 구들이 도입되기 시작한 것은 17세기 말엽에서 18세기 초엽에 이르는 기간이다. 그 이전에는 집집마다 마루를 시설하고 살았다.

마루 구조한 한쪽에 화덕을 설치하고 밥을 짓거나 혹은 살림살이에 요긴한 불기를 얻었다. 제주도엔 지금도 대청 한 부분에 돌을 다듬어 만든 돌화로를 설치한 집이 있다. 지금에 이르러서는 대부분 사용하지 않게 되어 차츰 없어지고 있는데 옛날엔 집집에 당연히 있어야 하는 시설이었다.

15쪽 사진 　마루가 있는 집에도 맨바닥을 둔 공간을 마련하기도 한다. 제주도에선 부엌이 그런 공간이다. 지금도 그런 부엌을 볼 수 있다. 부뚜막이 없는 대신 한쪽에 크고 작은 솥을 건 화덕들이 나란히 설치되어 있다. 작은 것에서 큰 것에 이르기까지 나란히 질서정연하게 배열되어 있다. 부엌 복판쯤에 다시 돌화로 하나를 설치하였다. 불기를 재우는 시설이기도 하고 필요할 때 불을 지펴 음식을 마련하거나 불기에 달구어 쓰는 연모를 마련하는 작업도 할 수 있다. 예부터의 관습에 따른 시설이다.

신라 통일기의 일이었다. 헌강왕(신라 제49대 ; 875~886년)은 신하들을 거느리고, 서라벌이 내려다보이는 월상루(月上樓)에 올라가 장안을 굽어본다. 내려다보니 눈이 가는 데까지의 모든 집들이 기와로 이은 기와집이다. 신하들이 아뢴다. 집이 그을릴까봐 백성들은 나무를 때지 않고 숯으로 밥을 지어 먹는다고 한다. 헌강왕은 매우 만족스럽게 여긴다.

나무 대신에 숯을 땔 수 있었던 것은 구들이 없고 대부분의 집에 화덕이 설비되어 있었기 때문에 가능하였다. 화덕에 나무를 때면 집 안에 연기가 가득 찰 수밖에 없다. 숯을 때는 일이 바람직하였다. 많은 사람의 밥을 지으려면 이런 시설만으로 부족하였다.

신라 말엽에는 부자집이나 권력이 있는 집에는 사병(私兵)들을 양성하고 있었다. 자기 세력을 위한 수단이었는데 이 많은 인원에게 공급하려면 솥도 커서 가마솥이어야 하였다. 가마솥에는 나무를 지펴야 밥이 잘 지어진다. 그러기 위해서는 따로 시설을 하여야 되었다. 이런 취사 전문 공간을 반빗간이라 불렀다. 반빗간은 조선조에도 그 설치가 계속되고 있었다.

남방 발생의 마루

우리나라 남해안은 북위 34도 가량에 위치해서, 여름이면 대단히 무덥고 후덥지근한 고온다습한 지역의 특성을 지녔다. 수시로 내리는 많은 양의 비는 집 짓는 일에 큰 장애가 되었다. 그래서 땅 위에 짓지 못하고 큰 나무 위에 짓고 살았다. 그런 집을 소거(巢居)라고 불렀다.

12쪽 사진

　　지금도 그런 원초형 구조물을 볼 수 있다. 큰 나무에 의지하고 마루만 깐 구조이다. 떨어지지 않도록 난간이라고 만든 마련이 고작이다. 지붕도 없다. 큰 나무의 우거진 가지가 지붕이 되어 가는 비를 막고 그늘을 드리워 주고 있다. 전남 나주의 샛골낳이(전남 나주에서 나는 삼베) 기능 보유자가 살고 있는 집 이웃에서도 간결한 마루 시설의 정자를 볼 수 있다.

　　원초형의 소거들이 취락을 이룸에 따라서 구조물이 바뀌어 가는데, 큰 나무 대신에 높은 기둥을 세우고 지표로부터 뚝 떨어진 허공에 마루를 깔고 그 위에서 기거하게 하였다. 이런 집을 오두막집이라 부르는데 남해안의 서남부와 서해안에 터전을 잡은 백제(기원전 18년~서기660년) 사람들이 살았다. 백제인들의 이 집이 한강 유역에까지 파급되면서 북방에서 남쪽으로 내려오고 있는 구들 시설과 만나게 된다.

　　오랜 세월을 두고 이 이질적인 두 요소가 절충한다. 지표에 밀착되었던 구들이 있는 집이 댓돌을 쌓고 올라앉으면서 그 바닥을 공중으로 떠올린 반면에, 높은 허공에 마루 깔고 살던 오두막집은 그 키를 낮추면서 구들과 수평이 되도록 시도하게 된다. 마루만의 오두막집은 절충 후로 쇠락하여져서 밭둑의 원두막 형태로·그 잔형(殘形)을 남긴다. 그 중의 한 원두막이다.

13쪽 사진

14쪽 사진

　　전남 지방에서는 이엉을 잇거나 억새풀 등을 이은 모정이 각 마을마다에 자리잡는다. 농사 짓는 여가에 앉아 쉬거나 즐기는 장소로 이용된다. 전남 구례군의 오미동은 지리산 아래에 있는 명기(名基) 마을로 유명하다. 동구에 큼직한 모정(茅亭) 한 채가 있다. 마치 양산 구조하듯이 질박하며 재치 있게 지은 팔각형 평면의 모정이다. 마루에 앉으면 풍요한 들녘이 한눈에 보인다.

마루와 구들과의 절충

구들 들인 온돌방과 마루 깐 다락집이 절충하면서 여러 가지로 시도된다. 다락집에 방 한 칸이 들어선 모습이다. 다락집은 마루가 아직도 높은 채로 구조되어 있는 모습인데, 여기에 구들이 방 한 칸을 마련하고 들어선 것이다. 이 실험을 통하여 개방적인 다락집과 폐쇄적인 온돌방이 어떻게 접합될 수 있는가가 탐색되었다. 이 탐색은 중요한 의미를 지녔다. 폐쇄적인 구조와 개방적인 구조가 어떻게 조화될 수 있는가를 파악하는 것이기 때문이다.

구들 들인 온돌방은 벽으로 막아 밀폐시킨 데 비하여 마루의 다락집은 기둥간살이를 탁 터놓았다. 벽체가 설비되지 않은 것이다. 대신 겨울철이면 장막을 늘어뜨리고 여름이면 발을 치는 것으로 만족하였다. 이 만족은 근세에까지 꾸준히 계속되고 현대에 이어지고 있

16쪽 사진

영천군 권씨 고택 사랑채

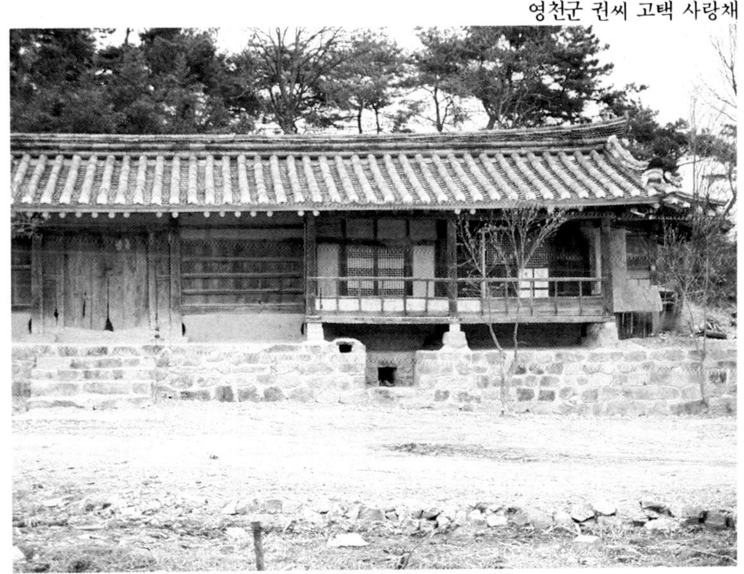

다. 아직도 한옥에서는 마루 들인 부분에서는 기둥간살이를 터놓은
채 살고 있다.

기둥간살이의 개방법은 고구려와 같은 북방에서도 고급집에서는
채택되었다. 5세기에 그려진 것으로 알려진 고분의 벽화 건물도에서
그런 집의 모습을 볼 수 있어 이 제도의 역사성을 알게 된다.

방이 차지하는 공간이 증대되면 마루 있는 집은 더욱 합리적인
균형을 찾게 된다. 구들의 방과 마루가 적절하게 균제하여 자리잡게
된다. 낮은 바닥의 구들 시설인 방의 바닥은 높이 하고, 높은 마루의
다락은 키를 낮게 해서 마침내 수평을 이루게 한다. 드디어 구들과
마루가 같은 높이에서 만나게 된 것이다. 이 높이의 균제에서 한옥
은 완성을 추구하게 된다. 이 완성을 우리는 한옥의 정형(定型)이라
고 부른다.

구들과 마루가 절충하면서 두 구조가 접합하여 공존하게 되지만
산곡간(山谷間)에는 아직도 마루가 없는 집이 남아 있다. 마루만
있던 집이나 구들만이 있는 집을 정형에 비견하여 원초형 한옥이라
부른다. 국내에는 아직도 원초형과 정형이 공존하고 있다고 할 수
있다.

실내외 구분법

현대 건축에서 문을 열고 나서면 실외라 하고 문 닫고 들어서면
실내라 부른다. 벽체를 경계선으로 삼고 있다. 한옥에서는 이 구분이
어렵게 되어 있다.

대청에서 보면 기둥들이 독립되어 서 있고 벽체가 없다. 방의
바깥 쪽에도 대청에서 이어지는 툇마루가 있는데 툇마루의 기둥도
벽체 없이 독립되어 있다. 기둥이 서 있는 선상에서 실내외를 구획

하는 방법도 있겠으나 대부분의 집이 기둥 밖으로 쪽마루가 돌출되어 있다. 그러니 기둥 서 있는 선을 경계 삼기도 어렵게 되었다.

시골집에서는 기둥 밖 처마 아래에 시렁을 매고 광주리나 밥상 등 세간살이를 얹어 놓는다. 기둥 밖으로까지 살림하는 터전을 연장시킨 것이다. 살림 터전의 연장은 마당에까지 계속된다.

실내외를 구분하는 이들은 살림하는 터전을 실내라고 규정 짓기도 한다. 실외의 펌프에서 물을 긷더라도 그 물을 길어 실내로 들어가 설거지를 하든지 하므로 살림하는 장소를 실내라 한다는 구분이다. 주로 서구에서 이런 구분을 한다. 한옥은 안마당에도 우물가나 수돗가에 살림 도구를 늘어놓고 필요에 따라 이용할 수 있게 배려하고 있다.

남쪽 지방에 가면 안마당에 장독대를 설치하기도 한다. 뒷동산 17쪽 사진
산자락 정갈한 터전을 골라 장독대를 마련하기도 한다. 간장, 된장, 고추장과 새우젓 등 발효 음식을 즐겨 먹는 식생활 문화에서 알맞게 익은 음식의 장기 보존은 즐거운 일이었다. 대규모의 옹기로 보관하는 독을 만들고 그것들을 햇볕 잘 들고 통풍 잘 되는 자리에 늘어놓고 산다.

규모 있게 살거나 식도락하려는 사람들은 철따라 개봉하여, 새로운 맛에 먹을 수 있게, 작은 옹기에 담아 제각각 보관하기도 한다. 장독대에는 크고 작은 옹기들이 가득 차게 된다. 겨울철 김지는 지열(地熱)에 의지하여야 얼지 않고 맛이 변하지 않는나. 알맞은 자리를 골라 땅을 파고 옹기독을 묻는다. 묻은 김치독에는 직사광선이 닿지 않아야 한다. 그늘진 자리에 터전을 잡는다. 장독대와는 여건이 다르게 된다.

집집에 맛있는 우물이 있었다. 마당가에 그런 우물이 있다. 우물 주변에 여러 가지 도구들이 있다. 돌을 다듬어 만든 맷돌 같은 도구도 이 중에 있다. 이것들은 비 맞아도 상하지 않는다. 물가에서 씻고

빨고 치는 일들이 일어난다. 안마당이 생활하는 터전이 되는 것이다. 부엌 안에서만 작업하는 방식과는 다르다. 추수 때는 대문 밖 마당에서 타작한다. 한옥의 생활 터전은 제한이 없는 정도이다.

곳간채

가을에 거두어들인 많은 양의 벼를 간수하기 위하여 지은 창고로 다른 창고보다 규모가 크며 습기를 조절할 수 있게 만든다. 또 쥐 등 해로운 짐승들이 접근하지 못하도록 지은 건물이다.

집에는 이 밖에도 또 여러 채의 곳간이 건축된다. 옛날엔 경제의 가치가 현물(現物)에 있었으므로 각종 물건들을 어느 만큼 확보하느냐에 그 집의 경제 능력이 평가되었다. 부자집은 그만큼 각종 곳간들이 많아야 했다.

한옥 구성에서 행랑채가 큰 비중을 차지하는데 곳간으로 사용되

곳간채(경주 교동 최준 씨 댁)

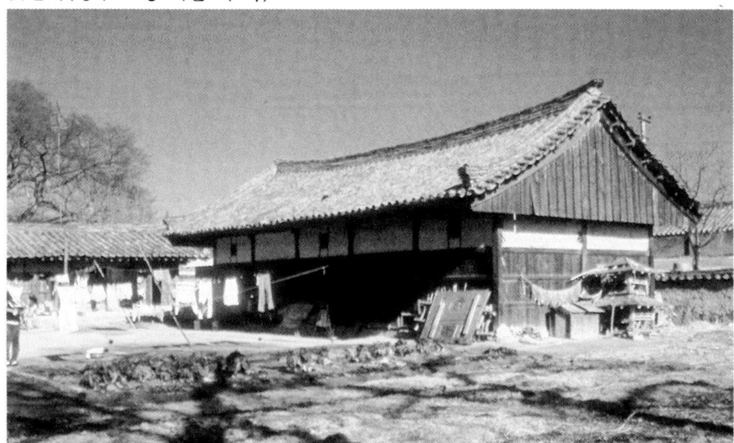

는 부분이 적지 않다. 처음엔 몇 칸만으로 만족되다가 그것이 부족하게 되면 필요에 따라 자꾸 증설해 나간다. 행랑채가 안행랑, 중행랑, 바깥 행랑 등으로 증가되는 까닭이 된다.

한 집에 있는 여러 채의 건물들

쓰임에 따라 집을 따로 짓는다. 옛날엔 일실일동(一室一棟)의 제도였다. 필요에 따라 경내에 지어 나가는 방식이었다. 능력이 있고 가족이 크게 번성한 집이면 수십 채의 건물이 필요하였다. 이런 필요성에 기반을 두고 궁실 건축들도 경영되는데 궁실에서는 수백 채의 전각들을 한 경내에 건축하였다. 큰 건물 일동내(一棟內)에 모든 기능을 흡수하는 방식과는 다른 유형인 것이다.

임진왜란(1592~1598년 ; 풍신수길군과의 전쟁)은 조선(1392~1910년)에 큰 피해를 입힌다. 7년 전쟁 치르고 난 뒤엔 경제공황에 직면한다. 농사 소득이 경제 기반이던 시절에 7년간 농사 짓지 못하였으니 경제 상태가 최악에 떨어질 수밖에 없었다. 이 수준에서 전쟁 이후의 복구 사업이 진척되어야 했다. 어려움이 겹칠 수밖에 없었다.

전쟁 이전의 장대하던 집들이 복구되면서 위축되어 버리고 만다. 전쟁 기간중에 인구가 거의 ⅓로 줄었나. 시독한 피해를 입었던 것이다. 일인들이 유능한 기술자들을 수없이 납치해 가기도 하였다. 긴축 기술 인력도 마찬가지여서 전란 이후의 집들은 소약하게 되고 만다. 경내에 경영되던 집들도 그 수가 격감된다. 그렇긴 해도 아직도 십여 채의 집이 한 경내에 경영되어 있다.

산천 정기의 첫걸음

뒷산을 등에 지고 자락을 깔고 집을 짓는다. 앞으로는 맑은 물이 유유히 흐르는 시내가 있다. 풍수지리설을 일컫는 사람들은 우뚝 솟은 산이 음이 되고 산을 감싸고 흐르는 물이 양이 되어 양과 음이 어울리면서 조화를 이룬다고 한다. 그런 조화를 산천의 정기라 하며 그 산천 정기가 살고 있는 사람들에게 전하여진다고 한다.

19쪽 사진   산자락에서 산천 정기가 뻗어난다면 사는 집에서 제일 먼저 산천 정기가 도달하는 자리에 돌아가신 조상을 모신 사당이 있다. 산천 정기가 산 사람의 인격 함양에 지대한 자극을 공여하는 것이라면 살고 있는 사람들에게 먼저 끼쳐야 할 터인데, 그것을 돌아가신 조상들의 영령이 먼저 누리고 있다. 이런 배설(排設)은 산 사람이 의도한 것이므로 사당 자리 설정에는 그만한 생각이 있었을 것으로 짐작된다.

서라벌에 가보면 도성 중심지에 거대한 고분들이 있다. 고신라의 임금님이나 유력한 인사들의 유택이라고 하겠는데 이들 고분 바로 이웃에 황궁이 있다. 신명(神明)과 생령(生靈)이 함께 살게 되어 있는 것이다. 살림집에 사당이 용납되고 있는 것도 그런 맥락에서 이어지는 것이 아닌가 하는 생각이 든다.

신과 함께 살고 있어서 사는 사람들도 신기(神氣)가 도저해서 신이 나거나 신바람이 나면 이루지 못할 일이 없을 정도로 능수능란해진다. 수천 년을 그런 신바람 속에서 살아오고 있다. 산은 그런 신바람의 출처이고 신바람이 양성되는 터전이기도 하다.

산은 신선이 사는 고장이기도 하지만 태초에 인간을 재세하고, 홍익인간 하기 위하여 환인(桓因)의 명을 받고 환웅이 내려선 터전이기도 하다. 그의 아들 단군도 태백산에서 활약하였다.

신라의 육촌주(六村主)가 모여 나라를 세운다. 위대한 나라의 기틀을 잡은 성인들로 추앙되고 있는데, 이 여섯 분도 하늘에서 내려왔다 하고 그분들이 첫발을 디딘 곳이 모두 산이라 하였다.

산신의 집

산에는 산신이 산다고 믿었다. 환웅 이래의 믿음이었다고 여겨진다. 산은 그래서 신성한 곳이기도 하였다. 산을 의지하고 사는 백성들에게 산은 삶의 터전이기도 하였다. 그런 산에 삼라만상이 깃들어 있다. 인간은 삼라만상의 일원이 되어 산 속에서 살게 되었다. 산의 자연을 주시하며 사는 동안에 산의 변화와 신비에 압도되고 말았다. 산신이 있음을 그런 징조를 통해서 다짐하게 되었다.

신라시대, 황룡사에 늙은 소나무를 그린 신필(神筆)의 솔거(率居)라 부르는 화승(畵僧)이 살고 있었다. 어느 날 꿈을 꾸었는데 단군을 만난다. 깨고 난 뒤에 그 생생하던 꿈 속의 모습을 그려 낸다. 단군 초상화가 널리 보급되게 되었다. 지금도 단군의 초상화라는 그림들이 전래되고 있다. 그 모습은 산신각에 모셔진 산신탱화(山神幀畵)의 산신 모습과 유사하다. 솔거의 단군 초상화가 이런 형태로 전승돼 오는지도 모르겠다.

불교 사찰의 산신각은 보통 딴간이고 규모가 아주 작다. 산신각은 불교 사원에서 넓은 선물들이 자리집은 가장 뒤편에 위치한다. 절이 산자락을 깔고 있다면 제일 높은 자리에 있다. 마치 살림집에서 사당이 차지하고 있는 위치나 같다. 여기에 산신각의 가치가 있다고 하겠다.

19쪽 사진

바위 속의 신의 집

산신은 거대한 신전을 요구하지 않는다. 규모가 작아도 만족한다. 산신각도 서낭당도 단칸의 작은 건물에 불과하다. 작은 집에서 큰 뜻을 편다. 회소향대(廻小向大)의 놀라운 포부가 거기에 담겨 있다. 신은 따로 지은 신전이 아니어도 만족한다. 아브라함의 신인 야훼는 바위에서 사는 것으로 만족하지 않았던가.

산신들은 바위에 살고 있었다. 산마다에 산신이 살던 바위들이 남아 있다. 지금도 찾아가 보면 바위에 여러 가지 흔적들이 남아 있고 지금도 그 바위를 위하는 이들이 기도드리고 있다. 절간이 거기에 있는 것이다. 불교가 도입되고도 부처의 집을 바위로 보는 시각이 지속된다. 경주 남산의 수많은 바위가 부처의 집이 되었다. 「삼국유사」에는 부처들이 바위 집에 살면서 드나든 이야기로 가득 차 있다.

바위 속에 사는 부처들은 매우 질박한 모습으로 현신하곤 하였다. 다소곳한 성정(性情)이었다. 마치 산신의 행적이나 진배가 없다. 바위에 계신 부처님을 모셔 내려고 애쓴다. 친견하고 싶었던 것이다. 바위를 한 겹씩 벗겨 낸다. 벗겨 내면 부처님 모습이 차츰 드러난다. 드러나고 있는 형상을 바위에 새겼다. 윗도리는 둥글게 입체적으로 조성하면서도 아랫도리는 아직도 선각(線刻)인 채로 있다.

작은 바위에 작은 집을 짓고 들어앉아 명상에 잠긴 부처도 있다. 경주 남산의 불곡(佛谷)에서도 그런 집과 부처를 만날 수 있다. 한 바위에 네 분의 부처가 함께 살기도 한다. 사불산(四佛山)의 사불암(四佛岩)이 그런 예가 되겠는데 거대한 신전을 요구하던 다른 신들과는 확실히 다른 바가 있었다.

돌부처의 거룩한 집

바위가 마땅한 고장이어도 유택은 큰 바위를 떠다 다듬어 짓는다. 고구려의 광개토왕릉은 아주 대규모 구조이다. 일변이 100미터 되는 규모로 돌을 쌓아 외형을 구성하였다. 층계 이루듯이 방추형으로 쌓았다. 마치 피라밋에 방불하다. 지금도 압록강 유역의 통구에는 그런 대규모 석분들이 남아 있다.

삼국이 통일되면서 유능한 건축가들이 신라에 모인다. 대규모 석실을 구성하던 능력 있는 사람들도 참여하였다. 8세기에 이르면 난숙한 경지에 도달한다.

토함산에 지은 석불사(石佛寺)의 석조감실(石造龕室)도 완숙한 시절에 완성한 건축물인데, 바위로 지은 집 중에서도 가장 정밀한 구조를 이룩하였다. 석감(石龕) 안에서 여래상을 비롯하여 그의 권속들이 즐비하게 들어서 있다.

산의 조영(造營)

바위 아래나 옆에 터전을 마련하고 부처님 공양할 절간을 짓는나. 산의 터전을 교묘하게 응용한나. 산에는 봉우리도 있고 골짜기도 있다. 골싸기가 넓게 열리면 형국(形局)은 키진다. 알맞는 터전이 거기에 생겨난다.

골짜기 열린 형국은 좌우로 능선이 감싸게 된다. 자연히 아늑한 터전이 그 안에 생겨나게 된다. 그렇게 생겨난 자리에 터전을 꾸민다. 그것은 사람의 노력이다. 명당의 여건에 부합되도록 꾸며 나간다. 대단한 노력이긴 하지만 성과는 크다. 오늘에 볼 수 있는 중요한 사찰들은 그런 노력에서 형성된 터전에 경영되어 있다. 이런 노력의 완성을 조영(造營)이라 부른다.

　　부처님 말씀을 모은 경전을 판목(板木)에 목각한 팔만대장경을 만든 사람들은 그 정성들여 완성한 것의 보장에 깊은 관심을 두고 보전에 주력하였다. 장경판고를 알맞게 지었다. 가야산 해인사에 지금도 그렇게 지은 장경판고가 자리잡고 있다.

　　골짜기가 깊다. 동구에서 십여 리 들어가야 절이 된다. 절의 뒷산 기슭에 높직하게 축대 쌓아 지습(地濕)을 피할 수 있도록 축성한 위에 경판고를 지었다. 뒷산에서 흐르는 기류를 십분 활용하기 위한 계산이었다. 산을 적절히 이용하면 그런 소득이 가능하였다. 산에 사는 사람들의 예리한 관찰력에서 경험된 지혜였다.

　　지혜는 조영의 계산을 치밀하게 하도록 부추겼다. 산엔 자연만이 있는 것이 아니라 자연을 보는 마음이 있고 자연을 가다듬는 노력도 있었다. 명기(名基)나 명당(名堂)은 그런 마음과 노력에서 완성되었다. 그래서 그 마음과 노력이 오늘에까지 이어지고 있는 것이다.

　　명기나 명당의 여건 중엔 뒷산이 의젓해야 할 것은 물론이려니와 바라다보이는 산도 그 모양이 수려해야 하였다. 안대(眼對)라고도 부르는데, 맞은편 봉우리의 모양이 척박하거나 아름답지 못하면 명당의 여건이 부족하다고 보았다. 반대로 수려하거나 상징적 형상이 뛰어나면 그것은 좋은 여건을 구비하였다 하여 높이 평가하였다.

　　조계산(曹溪山) 송광사의 대웅보전 앞 안대는 잘생긴 남자의 근(根)이 솟은 듯하다고 하는데 그래서인지 이 형국에서 수많은 고승과 대덕이 배출되었고, 특히 16명의 국사(國師)까지 연이어 대성하였다고 한다. 오늘도 정진하고 있는 스님들은 그런 지덕을 입어 그들의 정진에 성과 있기를 기대하고 있다.

　　송광사 주변의 산은 섬세하고 아름다우며 그런 산들이 마치 연꽃이 핀 듯한 형국을 이룩하였다 한다. 연화부수의 터전이라 상찬

(賞讚)하는데 송광사는 그 중에서도 연꽃의 화심에 해당하는 자리에 가람을 조영하였다고 한다. 가장 좋은 형국에 알맞게 절이 이룩되었다고 하는 것이다. 뒷산에서 내려다보면 오목하게 만들어진 산골에 송광사가 자리잡고 있음이 내려다보인다. 송광사엔 좋은 물이 있다. 명당수(明堂水)라 하는 이 맑은 물이 주는 수덕(水德)도 충분히 누리고 있다.

21쪽 사진

살림집의 이상형(理想形)

산이 많은 고장의 골짜기에 열린 넓지 않은 형국에서 평저한 곳은 농사 짓는 논밭이 되어야 한다. 집터는 들녘을 피해 산기슭에 올라서야 했다. 산기슭의 집터는 조건이 까다롭다. 뒷산이 날카로우면 인격 함양에서 심성(心性)이 메마르며 단기(短氣)에 치우친다. 뒤쪽 산형이 둥글고 너그러우면 백성들은 덕기(德氣)에 넘친다. 산사태가 날 자리엔 집터를 잡을 수 없다. 큰물이 쏟아지는 계곡도 마땅치 않다. 그러니 집터 고르는 일이 까다롭다.

집은 남향으로 지어야 한다. 골짜기가 남향으로 열려야 볕이 잘 든다. 이런 터전은 겨울에 따뜻하고 여름에 바람기가 있어 시원하다. 산의 능선 중 어느 한쪽이 낮아 바람이 휘몰아치면 나쁘다. 바람기도 온화해야 한다. 이런 터전을 바람기 머금었다고 말한다.

산은 고정되어 있지만 계곡의 물은 늘 흐르고 있다. 산이 조건을 만족스럽게 구성하였는데도 이 물이 없으면 사람은 살 수 없다. 물도 좋아야 한다. 이렇게 고루 갖추어진 터전을 우리는 좋은 집터라고 불렀다.

이런 집터 중에서 아늑한 골짜기의 서쪽편 능선 아래로 맑은 물이 알맞은 양으로 흐르면 으뜸이라 손꼽았다. 그 물줄기는 집의 앞면에 이르면 동쪽으로 직절(直折)하여 남향한 대문 앞을 지난다. 대문 앞을 지난 물줄기는 집의 동쪽에 만든 연못으로 흘러든다. 연당에 모였다가 넘쳐 흘러야 수덕(水德)을 충분히 받는다고 믿었다. 그리하여 주민은 용기를 내어 그 물줄기를 아예 집에 끌어들여 수덕(水德)을 확실하게 하였다.

대문 앞의 수구와 돌다리

남향한 대문 앞으로 맑은 물이 흘러내리도록 수구(水溝)를 설치한다. 집 밑에서부터 연못에 이르도록 화강석을 다듬어 수구를 호안(護岸)한다. 수구가 대문 앞을 가로지르게 되니 건너가려면 다리가 있어야 한다. 역시 화강암을 다듬어서 돌다리 놓는다.

이런 도랑과 돌다리는 좋은 터 고른 고급 집에는 으레 있게 되고 궁궐 등에도 구조된다. 이런 지상의 건물뿐만 아니라 죽은 임금을 매장한 지하 유택인 능(陵)에도 역시 어귀에 도랑을 두고 돌다리를 설치한다. 돌다리는 아주 간결하게 구성하는 것이 일반적 경향이다. 긴 돌을 다듬어 몇 개를 나란히 병렬시키는 정도로 완성한다.

사원의 경우는 그런 돌다리를 홍예 틀어 무지개처럼 만드는데 이는 도랑이 넓기 때문에 그렇게 구조하는 것이다. 이 집의 돌다리는 소박한 것으로 만족되고 있다. 조선시대 유명한 그림에 묘사된 돌다리들도 대략 이런 질박한 것이 여염집에 채택되어 있다. 이 집의 후원에도 돌다리가 있는데 그 중에는 예쁜 돌난간을 설치한 화려한 것도 있다.

22쪽 사진

은하수와 월궁(月宮)의 존재

돌다리 지나 대문 쪽으로 가다 보니 좌측에 장방형 석분(石盆)이 있다. 큼직한 화강석을 다듬어 만들었는데 무늬로 치장하여 아름답게 꾸몄다. 그리고는 그 중앙에 멋진 괴석(怪石)을 심어 두었다.

석분을 자세히 들여다보니 석분의 네 귀퉁이에 짐승을 한 마리씩 새겼다. 바깥으로 나가는 모습과 안으로 들어서는 형상을 새겼다. 더욱 자세히 보면 이들 짐승이 두꺼비임을 알게 된다.

두꺼비는 삼국시대 고구려의 고분에 그려진 벽화에서 보듯이 달의 정령(精靈)으로 상징되고 있다. 희고 둥근 바탕에 두꺼비를 그린 것이 달이다. 반대편에 해가 있는데 해는 붉은색 둥근 바탕에 세 발 달린 날짐승을 까만색으로 그렸다. 두꺼비 부조(浮彫)한 이 석분이 달을 상징하고 있다. 달 속에는 계수나무가 있다고 한국인들은 생각하였다. 그 계수나무를 이 괴석으로 나타내었다. 계수나무는 이상형 집 짓는 좋은 재목이라 여겼다.

예부터 한국인들이 부르는 동요가 있다.

달아달아 밝은달아
신선께서 놀던달아
저기저기 저달속에
계수나무 박혔으니
금도끼로 찍어내고
옥도끼로 다듬어서
초가삼간 집을짓고
양친부모 모셔다가
천년만년 살고지고
천년만년 살고지고

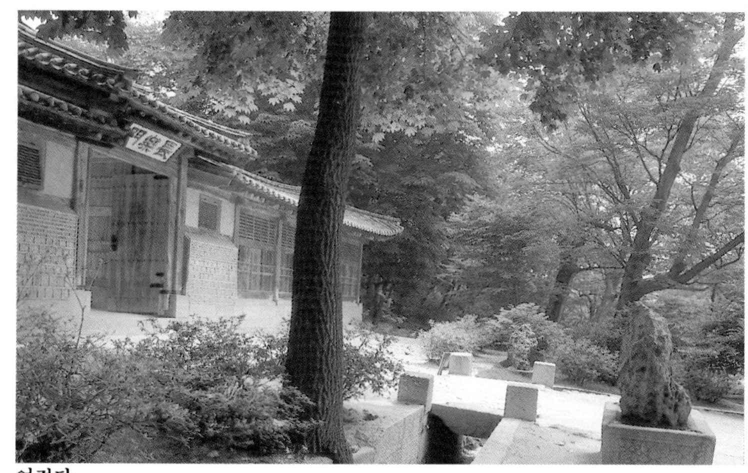

연경당

  달 속에 신선이 살고 있다면 신선은 계수나무로 지은 집에 있을 터인즉 우리도 그런 계수나무 벌목하여다가 집을 짓고 양친부모 모시고 신선처럼 천년의 장수를 누리시도록 해드리자는 내용이다.

  한옥의 이상형은 비록 그 규모가 초가삼간에 불과하는 작은 집이라 할지라도 양친부모를 오래 사시도록 잘 모실 수만 있다면 그로써 목표가 달성되었다고 여겼던 것이다. 거기에다 쾌적하고 넉넉한 집이 만들어진다면 더할 나위 없이 만족스럽게 생각하였다. 이런 이상형의 완성은 삼국시대 이래 역대를 두고 계속되어 왔다고 보이며 그 중의 하나가 이 집이 된다.

은하수 건너의 선궁(仙宮)

  두꺼비 있는 월궁(月宮)이 서 있는 뒤로 물이 흐른다. 하늘에서 달 가깝게 흐르는 듯이 보이는 부분을 은하수라 부른다. 여기의 물을 그 은하수에 비정하였다.

은하수가 가로막혀 견우와 직녀 두 남녀는 만나지 못한다. 사랑하는 두 애인의 안타까운 심정을 동정하여 일 년에 하루 동안 두 사람의 만남을 주선한다. 세상의 모든 까치가 은하수에 가서 다리를 놓아 준다. 견우와 직녀는 그 다리를 건너 일 년 만에 뜨겁게 만난다. 반가운 만남에 감격의 눈물이 흐르면 그것이 비가 되어 내린다. 그래서 이들이 만나는 날은 으레 비가 온다고 믿었다.

여기의 돌다리가 바로 은하수에 걸린 돌다리가 된다. 그 돌다리 건너면 바로 신선들이 살고 있다는 선궁(仙宮)에 도달한다. 그래서 대문에 장락문(長樂門)이라 써서 여기가 신선들 사는 집의 대문임을 나타냈다.

명당수와 연당과 불로장생

남향한 대문 앞 돌다리 밑을 통과한 명당수는 동류(東流)를 계속하다가 집의 동쪽 끝에 있는 연당에 모인다. 네모 반듯하게 장대석으로 호안(護岸)한 자그마한 연당이다. 수덕을 지닌 명당수를 그냥 흘려보내기 아까워 일단 모아 두기로 한 것이다.

연당 중앙에는 작은 섬을 만든다. 당주(當洲)라 부른다. 이닌 섬이 있으면 부귀공명하고 자손들이 번창한다고 하였나. 섬은 연못의 물이 썩지 않게 하는 기능도 지녔다. 섬 한쪽에서 흘러든 물이 섬을 끼고 감돌게 되므로 자연히 유통이 일어나게 되니 썩을 여유가 없다. 최근에 여기의 섬은 제거되었는데 그 때 이후로 연당의 물이 쉽게 썩는다.

연당에 모였던 명당수가 넘친다. 그 물이 다시 동쪽으로 흘러내려 이번엔 애련지(愛蓮池)에 모이게 된다. 역시 네모 반듯한 모양으로

24쪽 사진

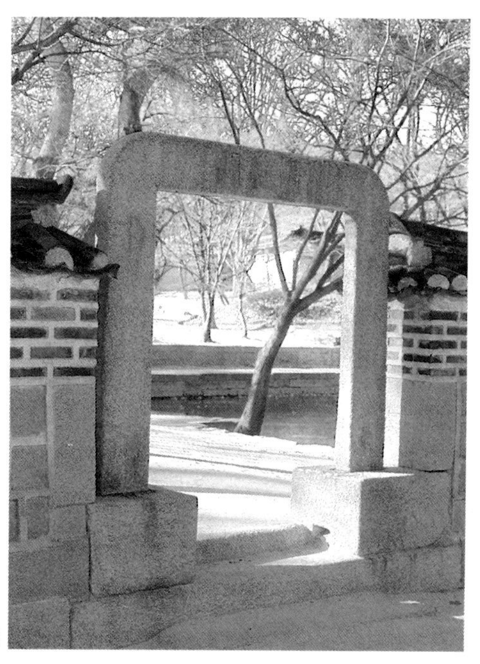

불로문

 상당히 큰 규모의 애련정(愛蓮亭)이란 정자 한 채가 북안에 있다. 단칸짜리 정자에 불과하지만 들어가 앉아 보면 삼라만상을 한 손에 움켜쥘 수 있을 듯한 기개를 느끼게 한다.

서안(西岸)에는 위의 연당으로부터 흘러들어오는 명당수를 일정한 속도로 낙하시키기 위한 석조(石造)의 시설물이 설치되어 있다. 애련지의 동쪽에 불로문이 서 있다. 큰 바위를 다듬어 가냘프게 만들어 낸 석문(石門)이다. 이맛돌에 불로문이라 새겼다. 이 문이 연경당으로 들어서는 표문이다. 늙지 않으려는 소망에서 선궁이 의도되었던 것이다. 불로문은 선궁이 있음으로 해서 대단원을 보게 된다. 유기적 시설을 의도적으로 한 것이다. 연경당은 불로문(不老門)을 모르고는 성립되지 않는다.

선궁에서의 삶

　수구와 돌다리와 석분과 괴석들이 지닌 상징에서 이 집은 신선이 사는 선궁이 되었다. 선궁 입구 대문에는 도끼 자루 썩는 줄 모르고 있었다는 지극한 즐거움이 오래 간다는 뜻의 장락문(長樂門) 편액이 달렸다.

　대문간은 바깥 행랑채에 있다. 대략 행랑채 중심쯤 되는 자리에 있다. 대문 들어서면 중행랑채가 있고 동과 서쪽에 중문이 열렸다. 안채로 들어가려면 서쪽의 중문을 들어서야 하고 사랑채인 연경당에 가자면 동편 문을 들어서야 한다. 서편 문은 평문이고, 동편 문은 솟을문이다. 좌우의 모양이 다르다. 좌우 대칭에서 벗어난다. 대문 들어서면 중행랑 벽체와 맞서게 된다. 문이 좌우에 있기 때문이다. 내외벽 구성의 일종이다.

　대문에서 들여다보면 안채는 보이지 않으나 사랑채는 중문을 통하여 약간 보이게 되었다. 안채로 들어서는 중문엔 가마 타고 들어갈 수 있게 마련하였다. 중문 들어서서 보면 깔끔한 안채가 보인다. 조촐한 삶을 탈속하게 지낼 수 있는 그런 분위기로 조영되어 있다.

　안채는 사랑채와 샛담을 사이에 두고 있다. 바깥에서 돌아온 청년들은 사랑방에 계신 집안 어른께 문안 여쭙는다. 사랑채는 바깥의 26쪽 사진 모든 일을 저리하는 사무실도 되고 외래객을 영접하는 응접실도 되고 때로 멀리서 찾아온 이가 유숙할 수 있는 처소도 된다. 남자 아이들 교양의 터전이기도 하며 낳고 자라고 죽는 고장이기도 하다. 수십 년 수백 년 누대(累代)에 걸쳐 삶을 영위하자면 모든 생애를 통한 일이 이루어져야 하므로 그에 맞추어 집을 짓는다.

　사랑채의 내루(內樓)도 인격 함양을 위한 교육의 도량이다. 내루는 연경당처럼 一자형 집에서 대청 끝에 구조되기도 하고, 낙선재

(樂善齋)처럼 앞으로 돌출시켜 ㄱ자형의 집이 되도록 구성하기도 한다. 높직한 돌기둥 세우고 그 위에 마루를 깐 다락을 만든다. 여름이면 사방에서 불어오는 바람에 시원하게 지낼 수 있게 되어 있다.

28쪽 사진

내루에 올라앉아 창을 활짝 열면 뙤약볕을 깊은 처마가 차양하고 있어서 그늘로 시원한 바람기가 몰려온다. 부채라도 활활 부치면 배었던 땀이 단숨에 잦아든다.

친구가 찾아온다. 동문수학한 도반(道伴)이다. 공부한 바를 점수(漸修)하며 시를 읊기도 하고 고담(高談)과 청론(淸論)을 나눈다. 세상 운세와 돌아가는 이치와 철학과 사상을 토론한다.

안채에서 다담상이 나온다. 친구에 대한 각별한 대접이다. 이들이 앉은 내루의 마루 아래에 여모판이 있다. 거기에 구름이 가득 새겨져 있다. 뭉게구름이 피어나는 형상이다. 이들은 그런 구름 위에 앉아 있는 셈이다. 운상(雲上)에 앉은 이는 선객(仙客)밖에 없다. 이들이 신선이 되는 것이다. 신선 같은 금도의 인격인이 되기를 원하는 마음이 이룩한 의도인데 교육의 목적도 다분하게 지니고 있다.

창의 설치는 인체가 기준

29쪽 사진

창은 머름대 위에 설치한다. 두 짝 창을 달게 된 이 설비는 머름과 그 위에 세운 벽선과 인방이 구조하는 윤곽에 의하여 완성된다. 이들을 우리는 '창얼굴'이라 부른다. 창은 주인의 식견(識見)과 성정(性情)을 잘 나타내는 얼굴이라 여겼기 때문에 이 부분의 구조에서 주인은 각별한 주의를 경주하였고 자기 식견을 드러내려 하였다.

이 창의 기본 구조에서 그 설치 기준을 인체에 두었다. 머름대 높이를 앉은 사람의 겨드랑이 아래에 들도록 하였다. 가슴팍이 남실

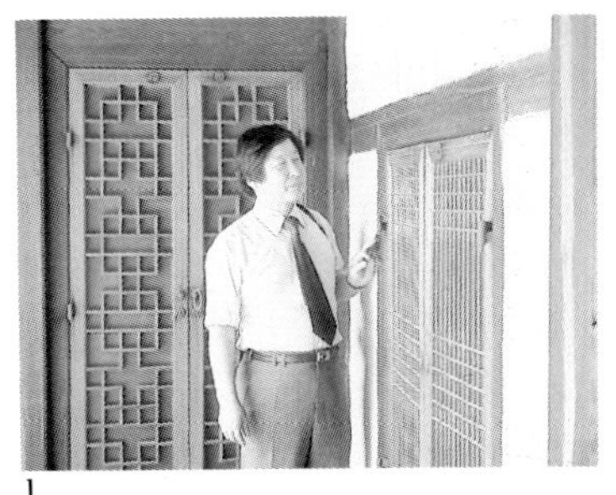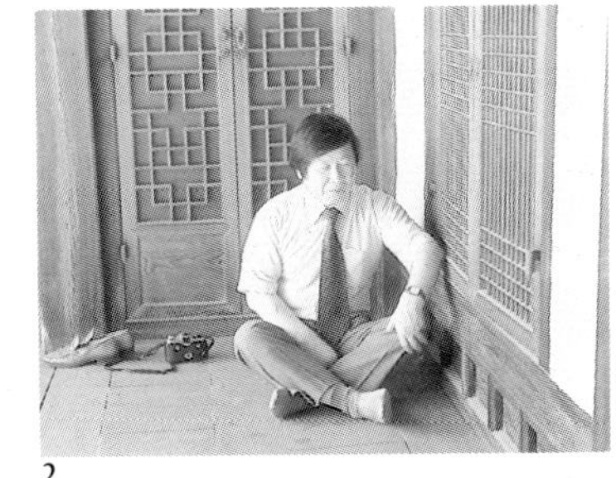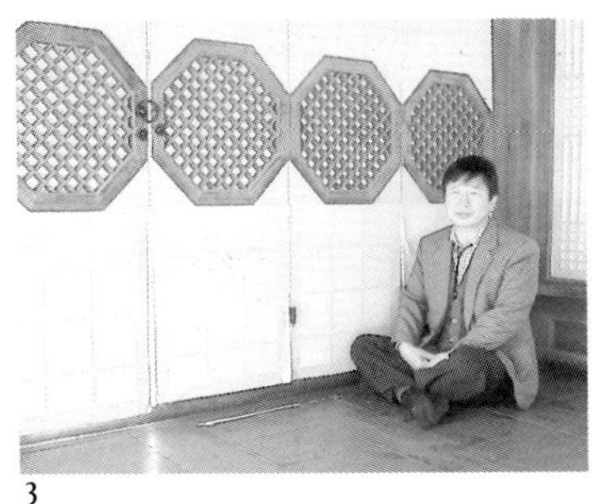

1.창얼굴 높이
2.머름대 높이
3.장지문의 창문 높이

거리며 닿을 정도의 높이다. 1.8척(약 54센티미터) 가량인데, 이 높이는 사람이 방바닥에 누웠을 때의 두께 0.9척(약 27센티미터)의 두 배에 해당한다. 머름대의 이 높이는 문갑 등 실내 가구 제작에서 높이를 제한하는 절대 기준치가 되었다. 모두 인체와 연관된 것들이다. 방 안에 들어가 앉아도 머름대 높이는 여전하다. 머름대가 있음으로 해서 방 안에 앉은 이는 안정감을 얻는다.

창은 바깥의 띠살무늬 덧문만 다는 수도 있지만 그 안에 명장지의 미닫이와 맹장지의 갑창을 달기도 한다. 미닫이를 열면 모두 두껍닫이 속에 묻혀서 창을 통하여 내다보는 데 지장을 주지 않는다.

부자집이나 격조를 따지는 집에서는 명장지 다음에 갑사(甲紗) 천을 바른 사창(紗窓)을 하나 더 달기도 한다. 갑사는 현대의 방충망만큼이나 얇아 투명하며 통풍도 가능하여서 여름철에 시원하게

지내는 데 유익하였다. 창살의 무늬 구성에도 유념하였고 두껍닫이
에도 그림을 그리거나 글씨를 쓰거나 해서 붙이고 바라보며 즐겼
다. 이 두껍닫이는 전시용 벽면으로 요긴하게 쓰였다.

방의 넓이와 사람

방에 들어 앉는다. 아늑해야 좋다. 썰렁하면 덜 좋다. 아늑하다는
생각은 안정감에서 유래한다. 안정감은 어머니 뱃속에서부터 타고난
감각인데 수천 년의 경험이 축적된 잠재 의식에서 발현하는 깊은
인식에 속한다. 사람마다 안정감이 다르고 민족마다 느낌이 다르
다. 그만큼 개성적 특성이 강한 편이다.

한국 사람은 자기 몸을 기준으로 삼고 안정감을 고려한다. 방의
넓이만 해도 그렇다. 삼국시대 이래 그랬으리라 여겨지는데, 백성들
의 집, 방의 크기는 한 변이 15척이었다. 15(척)×15(척)이 최소한
의 평면이었다. 형편이 좋아지면 18척 넓이로 정할 수 있고 신분이
높아지면 21척이나 24척 사방 넓이의 방에 살 수 있었다. 이런 추세
이면 왕실의 방 넓이는 27척 사방으로 설정할 수 있겠다.

여기의 15, 18, 21, 24, 27(척)이란 수는 아다시피 3과 연관이
있다.

15척=3×5

18척=3×6

21척=3×7

24척=3×8

27척=3×9

3은 천부경(天符經)에서 보듯이 天一, 地一, 人一의 천지조화수
(天地造化數)와 같다. 또 환인, 환웅, 단군의 3신 그 3과 같다. 天

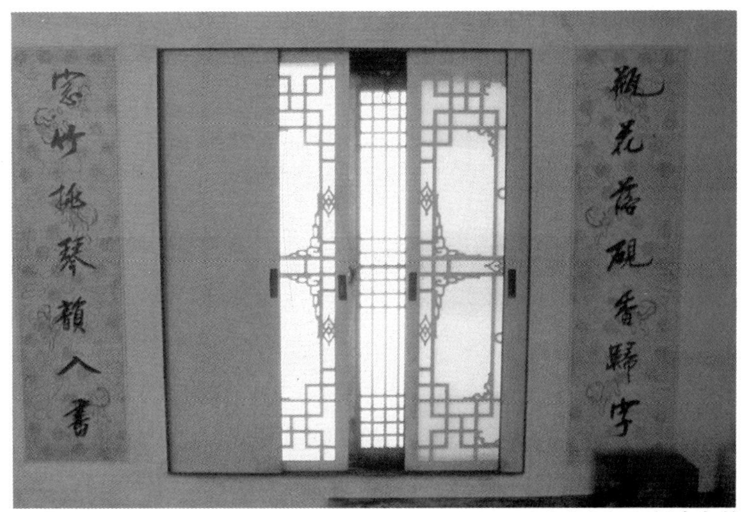

덧문, 미닫이, 두껍닫이의 구성(낙선재)

一, 地一, 人一에서 인간이 으뜸이 된다. 내가 없으면 남이 존재하지 않기 때문이다. 그래서 5를 채택하였는데 5는 한국 사람들의 평균 신장 5척과 같다. 5라는 수는 1에서 9까지 이르는 수의 중심에 있다. 1, 2, 3, 4 다음에 5가 있고 6, 7, 8, 9가 그 뒤에 있다. 5를 중심에 두고 보면 전일군(前一群)과 후일군(後一群)이 균제를 이룬다. 5를 1로 보고 전군과 후군을 각각 1로 보면 3의 수가 된다.

수리에서 5는 우주의 중심이며 반천(半天)의 기축이 된다. 생성의 기반이 여기에 달린 것이다. 그런 3과 5가 합쳐 15를 이루었다. 15(척)×15(척)의 방 중앙에 사람이 앉는다. 7.5척씩의 간격이 좌우와 전후에 생겨난다. 여기의 7.5척은 평균 신장 5척과, 앉은 키의 눈 높이까지의 평균치 2.5척이 합쳐진 것이다.

평면뿐만 아니라 입면 구성도 마찬가지이다. 방의 천장 높이를 보통 7.5척으로 잡는다. 앉은 키 위에 서 있는 사람 한 길을 합한 수치이다. 앉은 사람이 정좌한다. 가만히 있어도 기(氣)가 유통한다. 정문(頂門)에서 솟아오른 기가 기세 좋게 뻗어 나간다.

기를 발산만 하면 탈진된다. 그래서 기는 대류하면서 다시 흡수된다. 발산과 흡수가 꾸준히 계속된다. 발산하였을 때 천장이 낮아 기를 억압하면 쇠(衰)하여진다고 말한다. 기를 더욱 억압하면 마침내는 기색(氣塞)하고 말게 된다. 입면 설정은 이 점을 충분히 고려하였다.

방안 아랫목에 정좌하고 앉아 본다. 방의 출입문은 대청에 있다. 마당에서 들여다보이는 앞퇴에 면한 벽과 그 뒷벽엔 창만 설치한다. 대청에 면한 출입문은 세 짝, 네 짝, 여섯 짝이나 여덟 짝으로 만들어 단다. 가난한 집에서는 외짝문만 달기도 한다. 외짝문만 단 집의 구조는 단조롭다. 외짝을 만든 것은 대청과 방 사이의 담벼락을 붙박이로 고정시키겠다는 의도를 나타낸 것이다. 이런 외짝문은 아랫도리에 얇은 나무 판자를 대고 그 위에는 살대로 무늬 만들어 얇은 창호지를 바른다.

세 짝 이상의 문은 안팎으로 두껍게 싸바른다. 벽체와 같은 질감을 만드는 것이다. 아랫목에 앉아 바라다보는 곳이 허(虛)하면 왠지 불안해진다. 아늑하게 꾸미려 하였다. 그렇긴 하지만 너무 어두워도 덜 좋다. 그래서 창을 내었다. 불발기창이라 한다. 창의 살대 안쪽에 창호지를 바른다. 광선을 받기 위함이다. 일본집에서 살대가 방 안에서 보이도록 종이를 밖에 붙이는 것과는 반대된다.

불발기창은 문의 중간쯤에 설치된다. 설치되는 기준선이 그 밑선인데 이 선의 높이는 앉은 사람의 눈의 높이와 같도록 한다. 불발기창은 네모진 것, 팔각인 것 등이 있고 이 윤곽 안에 여러 가지 모양의 살대가 무늬를 이루며 완성된다. 창의 윤곽이나 채택되는 무늬나 구조된 수는 구조 원리의 철학적인 의미를 함축하고 있다. 사고의 표출이 여기에 있는 것이다.

세 짝 이상으로 다는 문짝들은 열고 젖혀서 들어 올리게 된다.

문짝은 머리 쪽에 쇠장석을 달아서 아래를 들어 올리면 열리면서
수평을 이루게 된다. 기둥간살이의 문골 들인 시설 이외는 전부
열리게 된다. 개방의 효과는 여러 면에서 유익하다.

칸막이의 설치

어려서 장난하는 중에 구석에 따로 의지간 만들고 몇몇이서 거기
에 쪼그리고 들어가 앉아 소꿉장난을 하기도 하였다. 때로 그런
좁은 구석이 그리워질 때가 있다. 어른이 되어서도 그런 성정을
아주 버리지 못하는 모양이다. 넓은 방을 칸막이 해서 좁게 써보려
하기도 한다.

대청과의 경계에 들어 올릴 수 있는 여섯 짝 문을 설치한다. 아랫　28쪽 사진
목에 앉아 건너다볼 수 있게 하기도 하다가 중간에 칸막이 들여
방을 이등분하기도 한다. 아랫목과 윗목 사이에 임시 경계를 둔
것이다. 여기에도 맹장지의 미닫이를 설치한다. 필요에 따라선 다시
터서 원상 복구할 수 있게 마련한다.

칸막이를 옆으로 치기도 한다. 겹집의 모양이기도 한데 쓰임에
따라서는 편리하기도 하고 전유공간(專有空間)이 확보되기도 한
다. 필요에 따라서는 역시 넓은 방으로 회복시킬 수 있다. 넓은 방일
때 침상을 따로 들여다 놓기도 한다. 둘레에 병풍을 치거나 발을
늘어뜨리거나 방장을 드리워서 아늑하게 꾸민다. 모두 조립식이어서
보통 때는 해체하여 따로 보관해 둔다. 이런 침상은 고구려 고분
벽화에서도 볼 수 있다. 그 유래가 오래 된 것이다.

사람 키와 창얼굴의 높이 비교

77쪽 사진 머름대 높이가 앉은 사람의 겨드랑이 아래를 기준 삼은 것이라면 창얼굴의 인방 높이는 서 있는 사람의 눈 높이를 기준으로 한 것이다. 인방까지의 높이는 머름대 높이 1.8척의 3배인 5.4척(약 159센티미터)으로 하는 것이 기준이다. 5.4척은 한국 사람들의 평균 신장치인 5척에 연관되어 있다. 평균 신장 5척에 인방 높이 0.4척이 합쳐진 5.4척이 창얼굴 높이가 된 것이다.

지금 서 있는 사람과 비교해 보면 더욱 실감 있게 느껴진다. 서 있는 이의 신장은 167센티미터 정도로 한국인 남녀노소 평균 신장치 150센티미터보다는 약간 상회한다. 150센티미터의 평균치는 수백 년 계속되어 온 것으로 알려져 있다. 창 폭도 1.8척이다. 좌우로 열면 기둥 측면에 닿는다. 그러니 1.8×4=7.2(척)으로 계산된다. 7.2척을 두 배 하면 14.4척이 되며 여기에 기둥 폭 0.6척을 합하면 15척이 된다.

대청마루의 기고만장

33쪽 사진 대청의 천장은 서까래가 드러나 보이는 연등으로 하는 것이 보통이다. 서까래는 지붕의 빗물받이 물매(傾斜度)에 따라 30도에서 60도 사이의 각도로 걸리게 된다. 그러니 아래에서 올려다보면 중심부가 높게 구조되고 좌우로 경사지게 되어 있다. 이 구조에서 중심부 가장 높은 자리를 10척으로 잡는다. 5척을 사람들 평균 신장으로 설정하였을 때 마루 위에 서 있는 사람의 머리 위로 한 길이 되는 여유를 두게 한 것이다.

이로 인하여 인간이 내뿜는 기(氣)는 승(勝)하게 뻗치게 된다.

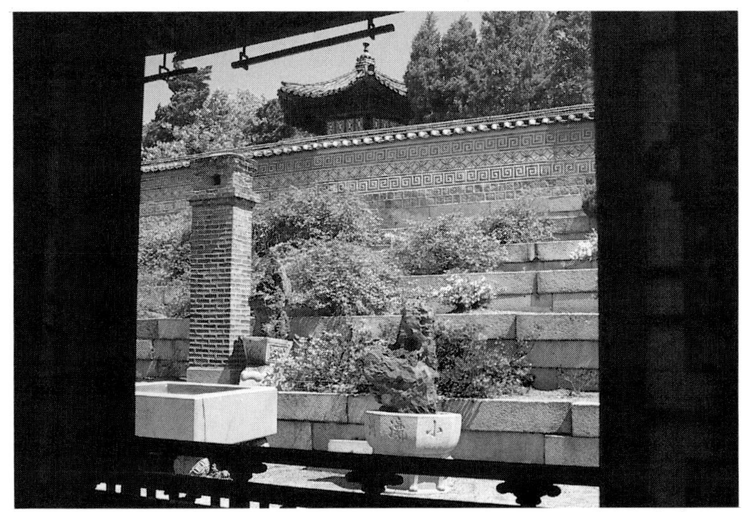

낙선재 후원(後苑)

억압되지 않은 채로 뻗어 나가는 기가 승하여 만장(萬丈)이나 된다면 의기양양한 인격(人格)으로 함양된다. 당당하게 세상을 살 수 있는 자제(子弟)들을 키워 낼 수 있게 되는 것이다. 평면과 입면 설정(立面設定)에서 이 점에 유의하였던 것이다.

창을 통하여 내다본 후원(後苑)

집터 잡을 때 뒷산을 의지한다. 뒷산은 니지막히지만 듬실하고 아담하면 좋다. 흙이 맑고 모래가 있는 석비레의 토층(土層)이 있는 터전이면 더욱 좋다. 이런 여건에서 솟아나는 지하수는 맑고 청명하여서 생수로 마시기가 썩 좋다.

산은 서북쪽으로 솟아 있으면 된다. 그 앞 양명한 자리에 남향하도록 집을 지으면 유익하다. 남동 15도 가량 향하고 있으면 사철 볕을 받아 집은 따뜻하고 활기차게 된다. 여름철엔 석양볕이 집

뒤 울안까지 비추어 주어서 습기를 제거해 준다.

방의 뒤창 열고 내다보면 뒷산의 자태가 보인다. 산자락이 뒷마당까지 들어와 있다. 이 부분의 치장과 정리가 집 짓는 일을 마무리하는 데 중요시되어 왔다. 고급 집에서는 화강석 다듬어 화계(花階)를 쌓고 기화요초(奇花瑤草)를 넉넉히 심었다.

창 밖 툇마루 끝에 설치된 난간

방 앞에 앞퇴가 있듯이 방 뒤편에도 뒤퇴가 있다. 더러는 뒤퇴를 생략하고 대신 폭이 좁은 쪽마루를 설치하기도 한다. 폭이 좁은 마루여서 위험스럽게 느껴질 수도 있다. 난간을 설치하여 다니기에 안심하는 마음이 우러난다.

34쪽 사진　방의 창가에 앉아 뒷동산 내다보려면 자연히 이 난간 상부가 눈에 들어온다. 난간이 구조된 모양이 눈에 띄는 것이다. 내다보는 눈에 난간이 들어온다. 뒷동산에 시설하는 화계(花階 ; 층층으로 계단처럼 쌓은 화단. 동물 박제품이나 잘생긴 괴석이나 해시계 등과 기화요초를 심어 아름답게 한다)와 어울리게 만든다. 화계가 집집마다 다르듯이 난간 구성도 집에 따라 다르다. 같은 집에서도 위치에 따라 그 모양을 달리하고 있다. 난간만 하여도 수백 가지 종류나 된다. 그 중의 한 가지가 이런 난간이다.

난간과 꽃무늬 담벼락

툇마루 끝의 난간이 계속되다가 그 끝이 담벼락에 접합되기도 한다. 이 부분의 담벼락은 난간의 아름다움이 계속되도록 꽃으로 장식한 꽃담을 만든다. 여기의 꽃담은 여인들이 출입하는 뒷마당의 37쪽 사진 한 문 좌우에 설치되어 있다. 꽃담의 무늬는 송이가 아롱진 포도인데 탐스럽게 열렸다. 주렁주렁 열린다는 의미에서 포도무늬는 자식들의 탄생과 성장을 상징한다. 그만큼 많이 낳고 기르겠다는 욕망이 있었다.

조선조에는 풍신수길군과의 7년 전쟁에 큰 타격을 받는다. 백성들이 엄청나게 죽고 납치되고 다쳤다. 인구 증가의 장려책을 써야 하였다. 많은 자식을 가지라고 권장했다. 이 꽃담도 그런 의도의 무늬를 채택한 것이다. 표어로 써 붙이지 않고 보고 느끼도록 은근하게 권하는 진실함을 보인 것이다.

꽃담무늬의 벽사의지(辟邪意志)

9세기경에 사건이 있었다. 유부녀를 임금이 짝사랑하나 거절당한다. 임금이 죽음에 임하여 여인에게 묻는다. 네 남편이 죽은 뒤면 나를 받아주겠느냐 한다. 여인은 임금을 거절할 수 없어 그렇게 하마고 하였다. 그 후에 임금이 죽고 얼마 후 여인의 남편도 죽었다. 그러던 어느 날 임금이 찾아와 전일의 약속을 지키라고 하여 부모의 허락을 받아 임금과 만났다.

아이가 태어나서 형비랑(荊鼻郎)이라 이름지었나. 보동 아이와 다르지 않으나 밤만 되면 숲속에 가서 도깨비들과 어울려 놀았다. 큰 개울에 돌다리가 있으면 좋겠다는 사람들의 소원을 듣게 되었다. 형비랑이 도깨비를 동원하여 하룻밤 사이에 완성시켰다. 이것이 지금도 서라벌 문천(蚊川)에 터를 남긴 귀교(鬼橋)이다.

이런 일로 형비랑은 도깨비들의 대장이 되었다. 형비랑이 있는 곳에는 도깨비들이 피하고 얼씬하지 않는다. 그만한 권위를 인정하

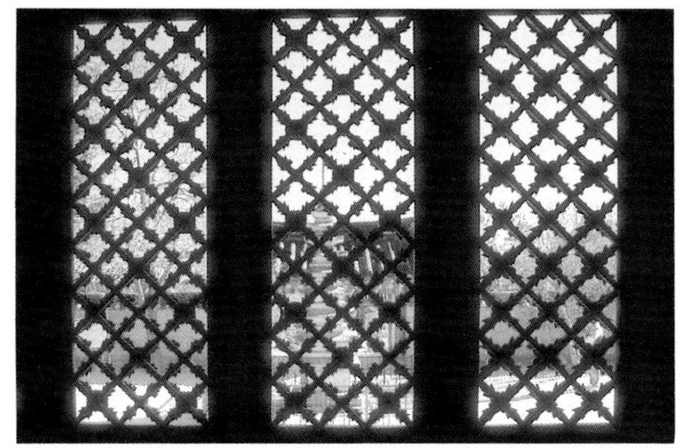

빗살 문(낙산사 원통전)

고 동석하기를 사양하였다. 이 사실을 사람들이 재빨리 알아차리고 후대에까지 계속되리라 믿게 되었다. 형비랑 초상화는 그래서 후대에까지 계속되나 차츰 망(網)의 형상과 가시돋친 홰나무 가지로 대체된다. 후대엔 망상(網狀)이 크게 유행하게 된다. 이 집에서도 그런 망의 무늬를 꽃담에 채택하였다.

이 윗부분 무늬는 엎을장 받을장이라 한다. 이는 남녀를 상징한다. 남녀 어울려 사는 곳은 가정이 있는 집이다. 부부와 가족이 사는 집에 도깨비의 해코지를 막을 시설을 해놓은 것이다. 담장 위에 기와를 이어 빗물이 흘러들지 못하게 지붕을 구조하였다. 그 기와의 암막새에는 불로초가 무늬되어 있다. 이들을 합하여 판독하면 불로초 먹은 듯이 부부와 가족들이 오래오래 행복하게 이 집에 살고 싶다는 내용이 된다.

벽사의지는 여염집뿐만 아니라 궁실(宮室)이나 사찰에도 채택된다. 불교 사원에선 빗살을 바탕에 두고 꽃무늬를 장식한 문을 만든다. 꽃무늬는 화려한 장엄이 된다. 불전에 바치는 공화(供花)의 마음씨이기도 하나 그 바탕이 되는 살대를 빗살로 하는 데에 벽사의지가 담겼다. 빗살과 넉살은 다 함께 망과 같은 의미를 지닌다.

후원(後苑)의 마련

뒷산에 의지하고 집 짓는 사람들에게 뒷동산은 아주 쓸모가 있다. 친근한 곳이기도 하다. 바짝 다가서 있는 자연을 마음껏 내 것으로 삼아 본다. 바라다보이는 뒷마당을 가꾼다. 내다보는 맛을 한층 더 돋구려 하는 노력이다. 화계를 두고 기화요초를 심기도 하고 꽃담을 두르고 아름답게 꾸미기도 한다.

뒷담에 문 내는 데도 멋을 부려 본다. 백토 깐 앞마당엔 질박한 일각문이 어울리나 산형이 아름다운 뒤뜰엔 부드러운 형태의 문이어야 더욱 어울린다. 홍예문도 해보고 화두창 모양도 내보고 때로 둥근 만월문도 만들어 본다. 뒷산과 어우러지도록 의도하는 생각이다. 뒷마당엔 여러 채의 정자가 곳곳에 세워지기도 한다. 능선의 바위와 계곡의 수려한 터전에 자리잡는다.

현대인들이 차츰 나약해 간다고 개탄한다. 극기력이나 적응력도 그만큼 퇴화되었다고 말한다. 그래서인지 정신 질환이 번지고 있는 것이 아닌가 하는 우려를 낳는다.

옛사람들은 아이들 교육에서 위축되는 형세를 극도로 경계하였다. 아이들이 소심해지면 백성들 진취력이 그만큼 감소된다. 이웃 나라와 늘 긴장 상태에서 지내야 되는 입장에 있다면 국민의 의기를 고취시키는 일이 무엇보다 중요하였다. 자신만만하게 아이늘을 기우려 하였다. 가슴을 펴고 네 활개 뻗치며 활보할 수 있는 기개를 심어 준다. 그런 교육을 시키는 수단으로 팔자형 걸음걸이법을 가르쳤다. 누구 앞에서든 자신 있게 걸어 들어가 만나거나 헤어져 나올 수 있게 훈련시켰다.

여러 채 집을 지으면 이 집에서 저쪽 집으로 다니도록 해야 편리하다. 다니는 마당에 돌을 깔아 준다. 비가 온 날 땅바닥이 질면 신발 젖을 염려도 있고 해서 돌을 깔아 포장하는 시설을 한다. 팔자

32쪽 사진

형의 걸음걸이에 적합하도록 포장하는 돌을 배치한다. 일종의 징검다리와 같은 설치인데 놓여진 돌을 밟고 가게 되면 저절로 팔자형 걸음걸이가 된다. 그런 유구가 조선조 궁궐내에 지금도 남아 있다.

계곡에도 또 다른 마련이 있다. 큼직한 바위가 있다. 가장자리로 물골이 감돈다. 이들을 이용하기로 하였다. 바위의 상반신 반턱을 떼어 내었다. 수박 자르듯이 뭉텅 덜어 내니 한쪽엔 절벽이, 바닥엔 반석이 생겼다. 그 반석에 물길을 만들었다. 홈을 판 것이다. 그리고는 일정한 속도로 물이 흐르도록 하였다.

가벼운 재료로 잔을 만들어 띄우면 물을 따라 흘러내린다. 흐르는 동안 시 한 수 짓지 못하면 벌을 받아야 한다. 외우며 익히는 공부를 하는 이들에겐 요긴한 놀이의 터전이 된다. 서로의 순발력과 실력을 겨루며 연마하는 일에 익숙해진다. 이 놀이와 터전은 옛날부터 있어 왔다. 지금도 서라벌 포석정에 신라시대에 돌로 만든 것이 남아 있다. 완전히 구조한 것이다. 물의 속도를 조절하도록 명확하게 계산된 놀라운 작품이다.

조형 사고에서 피어난 소정(小亭)

옥류천(玉流川)가에 작은 정자 하나 있어 청의정(淸漪亭)이라 부른다. 네모진 연당 같은 시설 중에 들어서 있는데, 연당 같은 시설엔 한 뼘짜리 논이 개답되어 있다. 여기에 모를 심어 벼가 익으면 볏짚을 베어 타작하고 그 볏짚으로 이엉을 고쳐 잇도록 하는 단칸의 모정(茅亭)이다. 아주 질박한 작은 정자이지만 그 정자엔 깊은 속셈이 있다.

하늘이 있고 땅이 있어야 우주가 형성된다. 그 우주는 하늘과 땅 사이에 인간이 있다는 데서 그 가치가 생겨난다. 인간이 하늘과

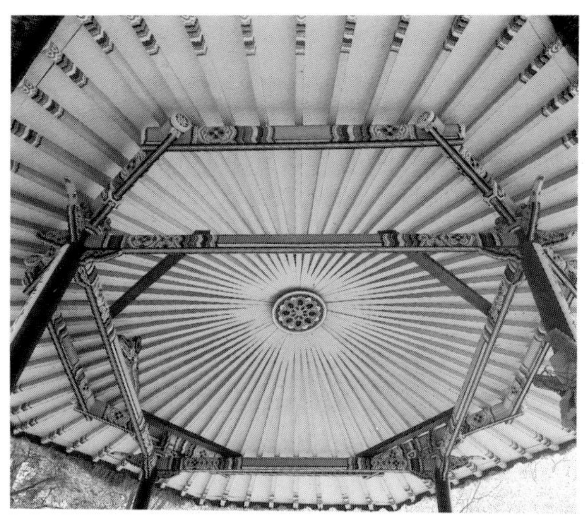

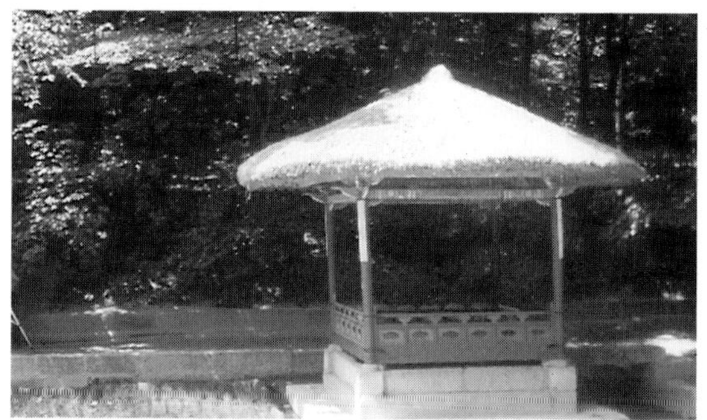

청의정(위, 아래)

땅과 대등하다는 점에서 그것을 수로 표시하면, 하늘 1, 땅 1, 그리고 사람 1이 되어 3이 기본이 된다. 3을 기호로 표시하면 삼각형이 된다. 삼각형을 8개 연결해서 이으면 8각형이 된다. 8각형은 원과 정방형의 중간형에 해당해서 원이 방형(方形)으로 가자면 8각형을 거쳐야 하고, 방형이 원형으로 변환되려면 역시 8각형을 거쳐야 된다.

이 원리를 집 짓는 데 응용하기도 한다. 조형의 원리를 구조물에 함축시켜서 조형하는 사고를 드러내려 하였던 것이다. 이 작은 정자도 그런 의도를 내포한 건물이다. 평면은 단칸의 정방형이고, 지붕은 이엉을 이은 원형이다. 방형과 원형의 이음을 위하여 8각이 등장하게 된다.

사고의 구현을 위한 가구

단칸의 방형 평면에서 원형의 지붕을 구조하기 위한 단계로 8각형을 도입하여 가구(架構)하였다. 8각의 가구는 두 가지 방식이 있다. 기둥 세운 네 귀퉁이 안쪽에 들어가도록 도리(기둥 위 공포에 결구하고 서까래를 치게 한 길게 가로지른 굵은 재목)를 8각형으로 거는 방식과, 기둥선 밖으로 돌출되도록 거는 방법이 있다.

작은 평면에서 넓은 지붕을 구성하기 위하여는 두번째 법을 쓰고, 넓은 정방형 평면에서 큼직한 지붕을 구조하려면 첫번째 법을 응용한다. 첫번째 법은 정방형 평면에서 지붕을 견고하게 구조하기 위하여 고구려의 집에서 귀접이 천장 구성법으로 발달한 것인데, 고구려의 집 중에는 통나무를 차곡차곡 뉘어 쌓아 귀틀집을 구성하는 방식이 있었다. 통나무 집인데 삼림이 무성한 세계의 여러 곳에서 이런 집을 짓고 살았다.

고구려에는 시베리아나 천산북로(天山北路) 등에 분포되어 있는 귀틀집과 유사한 집들이 지어져 왔고 부경이라는 독특한 창고가 만들어졌는데, 지금 일본 동대사(東大寺)에 남아 있는 정창원(正倉院) 등이 그런 유형에 속한다. 8각의 가구법은 우리나라에선 이미 2, 3세기에 크게 발전하였었다.

원리의 응용

　방형, 8각형, 원형으로 어떻게 조형하여야 의도적이며 마땅하냐의 시도는 삼국시대 이래 꾸준히 계속되어 온다. 이 시도를 불교 건축에서도 응용하여서 건축의 유형은 그만큼 다양하게 되었다.

　통일신라의 수도인 서라벌(지금의 경주 일대)에는 토함산이라는 명산이 있다. 이 산에는 유명한 석불사(지금의 石窟庵)와 불국사가 있다. 석불사와 불국사는 통일신라의 국력을 기울여 창건한 국찰이다. 재상을 지낸 왕족 김대성이 공사의 총책임을 맡아 경덕왕의 의도에 따라 경영하였다. 이 일에는 당시 이름 높던 신림(神林)과 표훈(表訓) 스님들이 관여하였다.

　석불사의 석실 법당 이웃에 따로 암자(庵子) 지어 동대(東臺)라 하고 여기에 3층의 석탑을 모았다. 석실과 마찬가지로 당대 제일의 식견을 지닌 선지식(善知識)들이 관여하였다. 원형의 받침돌에 8각의 벽을 쌓고 다시 원반을 얹어 하층 기단을 만들었다. 그 위에 8각의 벽체를 구성하고 다시 원반 얹어 상층 기단을 완성하였다. 그리고 그 중앙에 정방형으로 다듬은 탑을 쌓아 올렸다. 원과 8각과 방형의 조합을 볼 수 있는데 천원(天圓)을 땅에, 지방(地方)을 상부에 둔 점에 특색이 있다.

다보탑 조성의 의지

　석가모니불께서 설법하시면 삼천대천세계(三千大千世界)가 열반하는 중에 그 법을 증명하시러 다보여래께서 순간에 현신하신다고 하였다. 다보여래께서 찰나에 드러내 보이시는 환희를 영원으로 해보면 어떨까 스님들은 궁리하였다. 그렇게만 된다면 얼마나 거룩

하겠느냐는 생각이다.

불국사, 석불사 이룩하는 데 기획하고 자문하던 신림과 표훈 대덕은 김대성과 의논하여 불국사 대웅전 일곽내에 쌍탑을 세우기로 하였다.

탑을 1기(一基)만 세우는 절도 있지만 두 탑을 나란히 세우는 쌍탑의 가람도 있어 왔던 것이어서 불국사에 탑 2기(二基) 세우는 일이 하나도 새로울 것은 없지만 두 탑을 같은 모습으로 동일하게 하지 말고, 뜻을 주어 딴 모습이 되도록 한다는 데 의견을 일치시켰다. 탑을 동서에 배치하고 3층으로 석조한다. 서방의 탑은 석가모니불을 표방하여 석가탑으로 만들고 동방의 탑은 순간을 영원화시킨 다보여래 현신상으로 다보탑을 조성하기로 하였다.

석가탑은 팔방금강좌에 둘러싸인 암좌(巖座)에 진좌(鎭座)하고 설법하는 형상으로 모양을 만들기로 하여 지극히 평범한 신라 통일기의 3층 석탑을 장중하게 조성하였다. 이 석가탑도 지금 불국사에 남아 있는데, 둔중하면서도 날렵해 보이는 맛이 조화되어 걸작으로 손꼽히고 있다. 이 탑을 해체하여 수리하는 중에 탑 안에 장치된 사리구(舍利具)에서 종이에 찍은 신라시대의 불경이 나와 세상을 놀라게 하였다. 8세기의 지류(紙類)가 출현한 것이다.

다보여래를 어떻게 상징하여야 다보탑이 되겠느냐는 고민이었다. 법이 시방세계(十方世界)에 고루 퍼져야 한다는 생각이다. 탑의 기단(基壇)을 정방형으로 하고, 사면에 계단을 설치하여 사통팔달(四通八達)을 상징한다.

그 위에 기둥을 세운다. 먼저 네 귀퉁이에 방주(方柱)를 세운다. 사천왕천(四天王天)이다. 도리천을 떠받는 세계이다. 불법 수호의 사천왕상(四天王像)을 의표하기도 한다. 중앙에 굵은 방주를 심주(心柱)로 세웠다. 모든 번성이 자아에서 비롯됨을 보여 주는 심지(心志)이다. 지하 심처에서 숫아오른 불기둥이 하늘을 떠받고 있는 형상이기도 하다.

　다섯 기둥이 떠받친 세계가 도리천이다. 맵시 있는 난간을 둘러 기반을 조성하고 그 중앙에 8각의 탑신(塔身)을 받은 대좌를 만들었다. 탑신도 8각이며 그 외곽에 대나무 형상의 열주를 세웠다. 그리고는 탑신 위에 연화(蓮華)가, 위로 연의 꽃술이 피어 오르며 하엽 같은 8각의 개석(蓋石)을 받았다. 개석 정상에 상륜(相輪)을 치장하였다. 방형, 팔각, 원형을 응용하면서 멋진 조합의 조화를 성취하였다. 멋있는 다보탑이 탄생된 것이다. 천성(天成)의 원리를 조형에 어떻게 채택하여야 성공하는가의 본보기를 보인 걸작품으로 평가되기에 이르렀다.

　석가, 다보탑의 완성은 우리나라 석탑 건축에서 절정을 이루었다고 할 수 있으며 심오한 조형 사고(造形思考)가 이룩해 낸 성과라고도 할 수 있다.

이상향으로의 접근

　다보탑과 석가탑이 있는 대웅전 일곽에 이어 서편으로 극락전 일곽이 또 있다. 대웅전에 오르는 층층다리는 청운(靑雲)과 백운교(白雲橋)인데, 극락전으로 올라가는 층층다리는 연화(蓮華)와 칠보교(七寶橋)이다.　　　　38쪽 사진

　연화교의 딛고 올라가는 층계석엔 연꽃을 새겼다. 딛는 자국마다 연꽃을 밟게 된 것이다. 일보일례(一步一禮)라 말이 있다. 거룩한 부처님 친견하러 가는 길이 하도 좋아서 한 발자국마다 한 번씩 절을 하며 간다는 것이다. 「삼국유사」에도 그런 실례가 있는데 깊은 신뢰에서 우러난 마음씨였다.　　　　39쪽 사진

　연화교의 연꽃도 그런 마음씨에서 새겨졌으리라 믿어진다. 극락정

토로 가는 길의 환희가 거기에 아롱져 있는 것이다. 극락정토는
당시 사람들이 생각한 이상향이었다.

돌계단의 하엽(荷葉)

맑지 않은 물이 연당에 고여 있다. 연못의 진흙에서 흙탕물이
우러난다. 그런 지저분한 물을 이 세상에 비견해 말한다. 이 세상이
그만큼 혼탁하다는 것이다. 연못의 지저분한 물에 맑고 깨끗한 꽃이
핀다. 그 중에 연꽃도 있다. 연꽃은 더러운 물에서 피어난 맑은 꽃이
란 의미에서 부처님과 비유된다. 부처의 성스러움이 신비한 연꽃으
로 찬미되었다. 부처님 앉은 자리가 연화로 장식된다. 그의 주변과
그의 거처에도 연꽃의 장식이 채택되었다.

41쪽 사진　　불교가 우리나라에 전래되면서 이 연꽃 장식도 함께 들어와서,
삼국시대 이래의 불교 문물에 연꽃과 연관되는 갖가지가 표현되기
에 이르렀다. 법당에서는 주초(柱礎)로부터 시작하여 기둥 위의
주두(柱頭) 그리고 지붕 기와골 끝의 장식 기와에까지 연꽃을 무늬
놓았다. 법당 전체가 온통 연꽃에 뒤덮였다.

연꽃의 잎이 하엽이다. 이슬이 송알송알 맺힌 푸른색 넓은 하엽은
아주 신비스럽게 보인다. 연꽃과 함께 하엽도 숭상되었다. 짓궂은
사바세계에서 법당의 신선한 터전으로 올라서는 받침에 하엽을
두어 아름다운 의미를 부여하였다. 여기의 돌층계 하엽 장식도 같은
의미에 속한다.

돌층계 소맷돌의 용두상(龍頭像)

한국의 집은 대체로 지표상에 화강석으로 다듬어 설치한 높은 기단 위에 건축된다. 한국 건축에서 이 하얀 화강석 기단을 매우 중요시하였다. 집의 격조가 높을수록 기단은 장중하면서도 아름답게 조성된다.

삼국시대 이래로 기단을 상하 두 단으로 쌓기를 즐겨하였으나 조선조에 이르러 경제 상태가 나빠지면서 단층의 석조 기단으로 움츠러든다. 그렇긴 하지만 화강석 기단 조성은 의연히 계속되어서 오늘에도 많은 구조물들을 남기고 있다.

높은 기단을 오르고 내리려면 계단이 있어야 하는데, 이 계단도 역시 화강석을 다듬어 만들었다. 전면의 중앙과 뒤쪽 또는 건물의 좌우측으로도 설치하여 다니기에 편리하게 하였다. 계단 좌우에 소맷돌을 일종의 난간처럼 장치하여 발을 헛딛는 일을 예방하였다. 이 시설을 기능 위주로만 두지 않고 포교하는 일에 이용했다.

소맷돌의 용두상(직지사 대웅전)

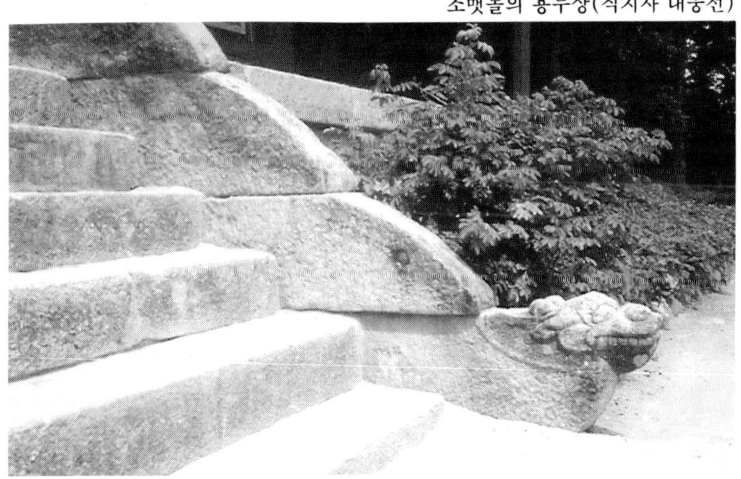

소맷돌 끝에 용의 머리를 조각하였다. 용의 머리가 장치된 계단을 통하여 부처님의 법당으로 올라가게 꾸민 시설을 마련한 것이다. 이 시설에는 의도된 내용이 포함되어 있다. 여기의 용머리를 배 용골의 머리로 이해시키려 한 의도가 암시되어 있다.

반야용선(般若龍船)의 동승

김해 김수로왕(서기 42년에 가락국 세우고 초대 임금이 됨)은 인도 아유다국의 공주를 맞아들여 혼인하였다. 허왕후(許王后)가 그분인데 부처와 탑을 모신 배를 타고 인도로부터 왔다고 한다. 우리나라 남해안의 여러 절들은 배에 실려 온 부처님과 탑을 봉안하기 위하여 창건되었다는 사실을 사적기에 기록하고 있다.

일엽편주를 타고 망망대해를 항해한다. 오랜 세월 풍파를 겪으면서 항진하여야 했다. 옛날 뱃길은 고난의 연속이었다. 동승한 모든 이들이 합심하여 위기를 극복해야 무사할 수 있었다. 항해가 끝났을 때 이들은 형제만큼이나 친숙해져 있게 된다. 생명을 서로 도왔기 때문이다. 한 배에 부처님과 탑을 모시고 왔다. 부처님이 배에 계시므로 위기가 닥칠 염려야 없겠지만 속인들은 뭍에서보다도 부처님에게 의지하려는 마음이 지극하였을 것이다.

이 점을 간파하여 벽화로 법당 외벽에 그렸다. 당신도 이 배를 타면 그런 친숙함을 얻게 될 것이란 의미이다. 법당을 배의 선실에 비유하고 배의 용두(龍頭)를 법당 돌층계 소맷돌에 비유시켰다. 이 법당이 바로 반야용선이 되었다.

불교 사원의 법전

고구려(기원전 37년~서기 668년, 만리장성으로 만주와 압록강 안 일대에 대제국을 건설)의 소수림왕 2년(372)에 불교의 포교를 공식으로 선언한다. 이 때 백제와 신라에 불교가 보급되었다. 남방에 들어온 불교도 이와 더불어 발전하게 되어서 통일신라, 고려, 조선을 거쳐 현재에 이르기까지 계속되고 있다.

이 기간에 수많은 가람들이 조영되었다. 역사 기록에 남은 대단한 절들도 적지 않다. 전쟁이 거듭된다. 태반이 소실되고 만다. 고려시대 중엽 이전의 가람과 법당들은 단 하나도 남아 있지 않은 실정이다. 겨우 터전만이 남겨져 있을 뿐이다.

지금은 고려 중엽 이후의 법당 건물들이 겨우 남아 있을 뿐이나 그 수효도 아주 적다. 겨우 살펴볼 정도라 할 수 있을 만하다. 몇 채밖에 없지만 다른 분야에 비하면 유족한 편이다. 왕실의 건축물이나 관아, 학교, 군사용 목조 건축은 단 한 채도 없기 때문이다. 겨우 강릉 객사의 정문 하나가 남아 있을 정도이다. 이런 지경은 조선조 중기까지 계속되다가 임진왜란 이후 복구한 건축물로부터 비교적 여러 건물들을 볼 수 있게 된다.

이상향에의 도달

더러 가보신 분은 알고 계시겠지만 여기가 극락정토이다. 극락은 지극한 곳이며 더할 나위 없이 아름다운 고장이다. 좋은 것은 무엇이고 갖추어져 있는 불멸의 터전이다.

부처님 안주하는 보궁(寶宮)이 있고 그 주변엔 즐거움에 가득 찬 것들로 즐비하다. 누구나 환희하는 그런 것들로 그득하다. 이

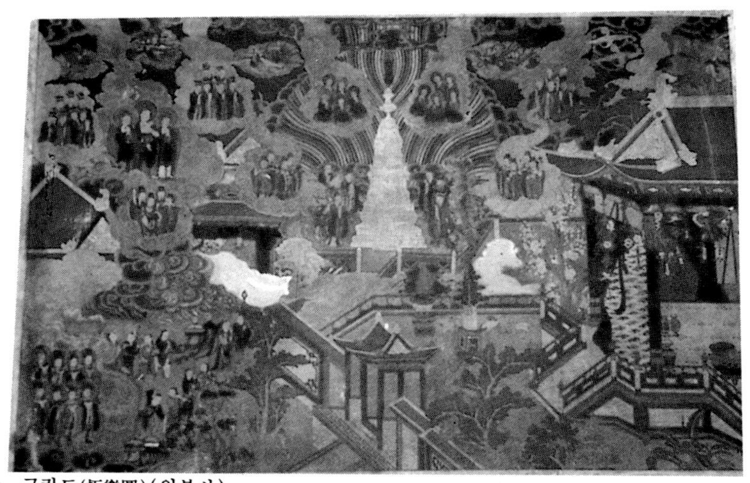

극락도(極樂圖)(위봉사)

그림은 조선조 중기에 그려졌다. 전북 완주 위봉사(威鳳寺)에 소장되어 있는데 당시 사람들이 생각할 수 있는 최상의 것들이 구색을 갖춘 고장으로 묘사되어 있다. 이상향을 설정하고 그 생각을 구현시킨 극락도(極樂圖)이다.

선지식(善知識)들은 그들의 식안(識眼)으로 극락을 보았는지 모르겠으나, 심안(心眼)이 아직 트이지 않은 사람들은 이런 극락도를 보며 천상의 정토를 이해할 수밖에 없다.

극락도를 지그시 들여다본다. 보고 또 본다. 저런 보궁을 지상에 이룩할 수 있으면 오죽이나 좋겠는가 하고 염원한다. 기회가 있어 가람 조성할 일이 생긴다. 많이 한 생각에 따라 지을 수밖에 달리 도리가 없다. 그러니 마음으로 완성시켜 장엄을 지극히 하였다. 지상의 보궁이 완성된 것이다. 극락정토의 지상 파견소라 할까. 그러한 것이 이룩된 것이다.

39쪽 사진

하늘나라의 운상각(雲上閣)

임금은 하늘이 낸 인물로 곧 하늘의 아들이라고 여겼다. 현생에 존재하는 최고로 귀한 인물이어서 그가 사는 집은 당대 최고의 집이어야 한다고 생각하였다. 그래서 할 수 있는 만큼의 최선을 다하여 궁궐을 지었다. 이상형 집 중에서도 으뜸가는 건물로 지었다. 그런 호화궁궐에 살아도 인간은 결국 죽게 된다. 죽으면 그들은 다시 하늘나라로 돌아간다고 믿었다.

하늘나라는 구름 위에 있다고 여겨서 삼국시대 이래로 하늘나라의 집이나 인물은 구름 위에 그리기를 좋아하였다.

임금이 죽어 하늘나라로 돌아가긴 하였지만 아들로 대를 이은 임금은 돌아가신 부모를 사모하여 때때로 뵙고 싶기도 하고 그의 영광된 생애를 칭송하고 싶기도 하다. 그래서 궁궐 가까이에 돌아가신 분의 혼령을 모시는 집을 지어 신전으로 삼는다. 이를 종묘의 정전이라 불렀다. 정전은 지상에 지어야 하는 것이나 하늘의 분을 그냥 지표에 모시기엔 미안하므로 하늘의 집이 잠깐 땅에 내려와 있는 듯이 꾸몄다.

42쪽 사진

꾸밈에서는 상징하는 능청을 부릴 수밖에 없는데 임금님 제사 지내러 올라가는 계단에 이런 구름과 무지개 다리를 새겨 거기만 올라서면 하늘인 듯하였다. 이렇게 큰 집이 그 조그만 계난의 구름 무늬와 무지개 형상으로 운상사(雲上閣) 집으로 의태(擬態)되었다. 대담한 상징을 채택한 것이다. 이 집에서 주목되는 것은 건물 입구가 긴 부분의 중앙에 있다는 점이다. 서양 건축은 신전의 대부분이 집의 짧은 쪽 변에 열린 입구로 드나들게 되어 있다. 그래서 출입구가 박공 아래 열렸는데, 종묘정전은 처마 아래로 들어서게 되었다.

이 정전의 열주(列柱)는 전면에만 있다. 여기를 앞 툇간(前退間)

이라 부른다. 제상 차리기 위한 공간이다. 그래서 좌우나 뒤쪽엔 이런 개방 공간이 소용되지 않았다. 제삿상 차림은 아주 고식(古 式)을 따르고 있다. 종묘정전도 그 집의 구조 방식을 예부터 계승하고 있다. 아마 삼국시대 이래의 유형이라고 할 수 있다.

대덕 스님의 사리탑

하늘나라가 어디 있는지 눈에 띄지는 않지만 하늘 어디엔가 있다고 믿었다. 어디에 있는지 분명하지 않지만 그 세계는 구름에 가려 있어서 사람들 눈에 띄지 않을 것이라고 가정하였다. 하늘은 우주를 감싸며 우주에는 삼천대천세계가 있어 거기에 부처님들이 살고 계신다고 불교인들은 생각하였다. 그런 천상의 세계를 극락이라 부른다고 하였다.

고승 대덕(高僧大德)이 입적(入寂)하면 틀림없이 그분은 업을 이루어 극락에 당도하였을 것이라고 했다. 그분의 시신(屍身)을 태워 사리가 나왔을 때, 사리탑을 석조(石造)하는 과정에서도 그가 살고 있을 극락의 좋은 집을 잠깐 빌어 지상에 세워 드림으로 해서 천상 생활에 누가 되지 않기를 바랐다. 지상에 세우는 대덕의 천상 건물에는 반드시 구름이 있어야 하리라 해서 사리탑 기단에 구름무늬를 가득 차게 새겼다.

구름 받치는 천상의 건축물은 지극히 신비스러울 뿐만 아니라 장중해야 되었으므로 이 세상에서 알 수 있는 생각 속의 최고의 건축물로 지으려 하였다. 팔각의 평면이 채택되는 까닭이 된다. 팔각의 성격은 뒤에 다시 보게 된다.

대덕 스님의 행장기

사리탑 옆에는 비석이 선다. 그래서 탑비(塔碑)라고 함께 부르기 마련이다. 비석에는 스님의 이력이 가득히 적혀 있다. 출생에서 입적에 이르기까지 그의 생애가 얼마나 빛나는 것이었는가를 일일이 기록한 내용이다.

비석은 장방형으로 다듬어진 판석인데, 폭 1.2미터, 두께 0.3미터, 높이 2.8미터 가량이다. 이런 판석을 일으켜 세우고 글씨를 위에서부터 아래로 내려 쓴다.

비석을 넘어지지 않게 일으켜 세우려면 받침대가 있어야 한다. 삼국시대 이래로 격조 있는 비석이면 그 받침대를 거북 모양의 짐승 형태로 조각하여 만들었다. 거북은 물에 사는 짐승이므로 높이 솟아오르는 데 한계가 있다. 그러니 걱정이다. 하늘나라에 계신 고승 대덕 사리탑 따라 구름 위에 올라가 있어야 글을 읽게 하겠는데 그 점이 자유스럽지 못해 걱정이 된다. 그래서 소망하였다. 날개가 돋게 하여 주사이다. 지극정성으로 빌었다. 그러자 마침내 거북의 등에 날개가 돋아나기 시작하였다.

날개 돋친 돌거북

소원대로 거북의 등에 날개가 돋아났다. 필요하면 어느 때 어느 곳이든간에 날아 다닐 수 있게 되었다.

돌거북의 등에 날개 돋게 만든 석장(石匠)은 과연 어떤 생각 속에서 이런 형상을 마련해 내었을까. 그 속셈이 우리에겐 이루 말할 수 없이 궁금하다. 이런 속셈이 비단 거북에게 한정된 것이 아님은 자명한 일이다. 그래서 우리들은 그 생각 찾기에 지금도 열중하고 있다. 모든 인류가 이런 생각을 논리적으로 체계화하는 일에 참여하였으면 좋겠다.

무늬의 설정이나 표현은 인류가 태고적부터 해오던 일이었고, 지금도 의연히 계속하는 노릇이므로 옛사람이 지녔던 생각을 찾아 정리하면 오늘의 생각에 이어질 것이다. 비석 위에는 용을 조각한 머릿돌을 얹어 모양을 정리한다. 머릿돌을 이수라 부르며 이수 정면 중앙에 탑비의 공식 명칭을 새겨 넣어 기념을 삼는다.

민본사상의 주장

백성들은 궁금하다. 신흥 국가가 어떤 이념으로 백성을 다스리려 할까 기대해 보기도 한다. 새 왕조는 국시를 널리 백성들에게 알리고 동조하기를 기대한다.

경복궁은 조선왕조의 정궁(正宮)이었다. 임진왜란 때 불탄 뒤로 방치되어 오다가 고종을 섭정하는 흥선 대원군에 의하여 중건되기에 이르렀다.

대원군에겐 포부가 있었다. 태조가 건국한 이념에 따라 근정(勤政)하되 백성을 위하는 일을 근본 삼는다는 민본을 국시로 삼았다. 경복궁 정전인 근정전을 지을 때 새롭게 월대를 구성하면서 그런 민본을 드러내 보일 궁리를 하였다. 대원군은 손수 난초를 칠 만큼 안목이 높은 문인화의 대가였다. 그의 집인 운현궁을 격조 있게 경영할 만한 능력이 있었다. 그러니 월대 구성에 관심을 두고 목표한 바를 표현하도록 종용하였다.

40쪽 사진 조선왕조에서는 해태를 귀하게 여겼다. 법을 지키는 용과 길상을 이루어 주는 봉황과 함께 나라 지키는 짐승으로 해태를 꼽았다. 월대 귀퉁이에 돌난간의 기둥을 세웠다. 기둥 밖으로 받침대가 돌출하게 되는데 그냥 두면 불쑥 튀어 나온 듯해서 볼상 사납다. 거기에 해태상을 새기게 하였다. 부부 한 쌍을 새겼다. 암놈 가슴팍에 새끼 한 마리 부여안고 있게 하였다. 해태 일가족이 한자리에 모여 있다. 암놈은 다소곳이 앉았는데 수놈은 뒤돌아보고 있다. 왕화(王化)를 입으려는 생각이다. 왕화 기리는 해태 일가족은 백성들을 상징한다. 기개 있는 백성의 대표격이다. 이들을 즐겁게 하도록 근정하겠다는 의사가 여기에 잘 나타나 있다.

궤적(軌跡)의 미학

다보탑과 같은 구조에서도 감지되듯이 명작은 안정감이 높다. 보는 이들이 안정된다. 이 안정감에는 보는 이의 눈의 높이와 그것을 기준으로 삼은 비례의 응용 등 수리(數理)에 의거하는 논리가 내포되어 있다. 이런 논리는 우리나라 건축 어디에서나 볼 수 있다. 특히 처마가 이루는 곡선에서 그 진미를 느낄 수 있다.

우리나라 목조 건축의 처마는 앞쪽 저만치 서서 바라다보면 좌우 로 날렵하게 치켜들었다. 차츰 다가서면서 올려다보면 안쪽으로도 활처럼 휘어 있다. 두 가지의 곡선이 한자리에 형성되어 있는 것이다. 다른 나라 집의 단순한 처마선에 비하면 매우 사색적인 의도를 품고 있다.

두 가지 곡선을 동시에 만족시키려면 처마를 구성하는 서까래를 소정해야 한다. 지름 18센티미터 기량의 둥근 원목(圓木)으로 서까래 다듬어 30센티미터 간격으로 건다. 이들 서까래를 같은 길이나 같은 각도로 다듬어 걸면 처마는 직선이 되고 만다. 곡선을 이루려 면 처음부터 서까래를 알맞게 다듬어 걸어야 한다. 서까래가 위치하 는 자리에 따라 길이와 각도를 달리해 주어야 된다. 결국 서까래가

44쪽 사진

이루는 궤적(軌跡)이 총화되어 이종 곡선(二種曲線)을 완성시킨
다. 이 궤적의 성취는 계산으로 치밀해야 되고 다듬는 데 법도에
따라 능숙하게 훈련되어 있어야 한다.

서까래는 지상에서 따로 다듬어 두었다가 구조시 올려 가면서
거는 것이어서 여럿이 참여하여 시공(施工)하게 되는데 그 일이
일사불란한 것은 구조하는 기법이 논리적으로 정의되어 있기 때문
이다. 이런 이종 곡선이 함께 있는 처마는 중국, 일본에서는 보기
드물다.

천성(天成)의 용마루

이종 곡선의 처마 구조를 위하여 치밀하게 계산하고 설치하는
데 비하여 지붕의 정상에 해당하는 용마루는 아주 천연덕스럽게
조성하는 것이 보통이다.

지붕의 골격이 형성되면 용마루를 설치하게 되는데, 이 때에 개장
(蓋匠 ; 기와 잇는 일꾼) 두 사람이 동아줄을 가지고 지붕에 올라간
다. 동아줄 끝을 좌우로 잡고 두 사람의 기와장이가 벌려 선다. 지상
에서 도편수(목조 건축에서 대목의 최고 책임 기술자. 실상은 建築
役에서의 총책임자)가 기와장이들을 조정한다. 동아줄의 높이가
알맞은지, 좌우의 높이가 마땅한지, 동아줄 늘어진 선이 부합되는지
등을 지시한다.

동아줄은 천연의 선으로 늘어지게 된다. 집 뒤로 산이 있어 산형
(山形) 배경이 되면 그것과 감안하면서 늘어진 선과 좌우 끝이 꼭
수평이 안 되어도 용납된다. 수평을 고집하다 보면 뒷산형에 영향된
착시 현상 때문에 지붕 한쪽이 기울어져 보일 가능성이 있다. 이는
교정할 필요가 있으므로 현장에서 도대목(都大木)이 이 점을 정리하

게 마련이다.

처마를 이룩하기까지 극도로 치밀하게 구조해 나가다가 용마루에 이르러 천성을 도입한다. 기교를 천연으로 뒤집어씌우는 놀라운 멋을 발휘한다.

일본 건축물 지붕의 선

우리나라 지붕은 초가 지붕도 그렇지만 기와 지붕도 선이 유장해서 넉넉한 맛이 농후하다. 이는 용마루의 선이 늘어진 듯이 너그럽기 때문이다. 허술해 보이지만 지그시 보면 당찬 데가 있다. 빈틈 없는 처마 곡선이 바짝 긴장시키고 있기 때문이다. 그러나 전체적인 인상은 여유가 있어 보인다.

선에서 선율을 느낀다면 어떤 박자가 감지되겠느냐고 묻기도 한다. 두 팔 훨씬 벌리고 발걸음 사뿐거리며 앞으로 나서다가 장단 맞추어 빙그르르 돈다. 그러다가 갑자기 휘몰아치듯 잽싸게 딛고 나서는 탯거리를 닮지 않았느냐 하면 그럴 듯하다고 한다. 이 춤에 맞는 선율은 둔탁한 타악기가 제격이다. 느린 듯 어기적거리다가 잦은몰이로 넘어가면서 빨라지고 신명이 나면 우주를 삼킬 듯이 두들겨 대는 그런 선율에 방불하다고 한다.

일본집의 한 대표적인 지붕을 보자. 이런 지붕에 선율이 삼돈다년 어떤 박자가 어울릴까를 생각해 보는 것이다. 목에 잔뜩 힘을 주고 정중하게 앉아 높지두 낮지두 않게 읊느 듯이 하느 긴장된 옛 노래를 듣는 것 같은 감각이 진하다. 빈틈 없이 가꾸어 논리화된 합리적 선율이 가득 차 있다.

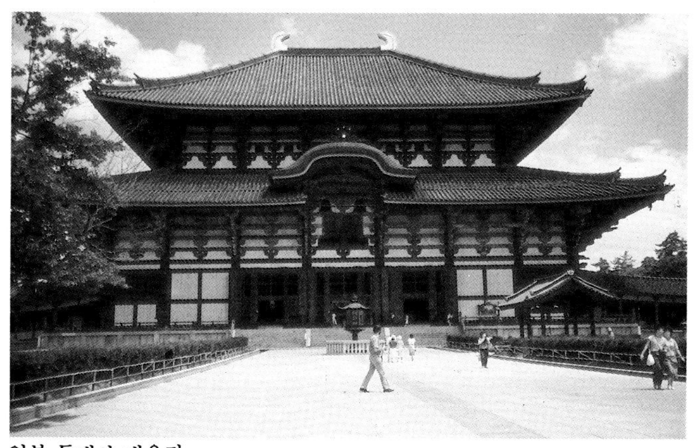

일본 동대사 대웅전

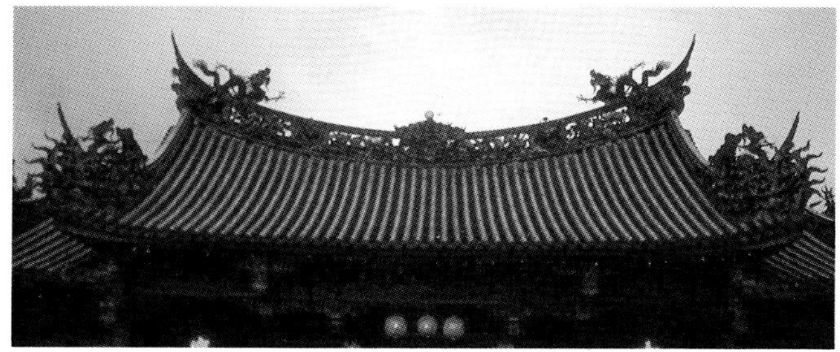

중국 대북시 용산사 지붕

중국 건축물 지붕의 선

중국 남방 지역 기와 지붕은 대체로 장식이 놀랍다. 기둥마다 조각을 하거나 해서 빈틈 없이 치장하듯이 지붕도 용마루에 이르기까지 완벽하게 꾸며야 만족스럽게 여겼다. 자기로 구운 장식품으로 용을 만들기도 하여서 용마루엔 전혀 빈틈이 없다. 천연스러운 선을 느긋하게 두면서 여유를 즐기는 멋과는 차이가 있다.

완벽하게 치장하여 꾸미는 것이 아름다움이냐 아니면 천연스러움을 채택한 일이 아름다움이냐의 해석은 저마다 다를 수가 있다.

그 중에 우리 사람들은 천연스러움을 택하였고, 중국 남부 지방 사람들은 충만(充萬)하는 인공에서 아름다움을 느끼려 하였다. 두 민족이 느끼는 차이인데 이는 두 나라 문화성이 서로 이질적임을 잘 알려 주는 것이라고 할 수 있다.

흔히 한국의 문화성이 중국에 가깝다거나 유사하다고 말하는 이도 있으나 자세히 들여다보면 지붕 구성에서조차 이만큼 차이가 있음을 알 수 있게 된다. 이런 차이는 세부에 가득 차 있다. 세부의 차이는 근본에 차이가 있음을 의미하는 것이다. 한국 문화의 독자성을 이해하고 보면 서로의 특색이 있음을 알게 된다.

기와 지붕 용마루 장식

기와 이은 지붕에 용마루를 얹는다. 거대한 지붕에 이런 윤곽이 없으면 헤벌어져 보이고 하다가 끝내지 못한 듯한 느낌을 유발시킨다. 지붕의 마무리는 집 전체의 완성에 진배 없을 정도로 막중한 것이었다.

지붕의 넓이가 큰 집에서의 지붕 치장은 중요한 과제였다. 삼국시대의 고구려, 백제, 신라에서는 전문가를 양성하고 지붕 처리에 고심하였다. 백제에서는 와박사(瓦博士)의 제도를 두고 유능한 전문가를 배출하여 그들로 하여금 이 일을 도맡게 하였다. 이들 와박사는 사박사(寺博士)와 함께 일본에 건너가 초기 중요 건축물 조영에 실력을 빌휘하곤 하였었다.

사진의 이 용마루 장식품은 '치미'라 부르는데 실물의 높이가 2미터이다. 이 치미는 신라의 수도였던 서라벌(지금의 경주)에 국가 경영의 대찰이었던 황룡사(지금도 건물 터가 남아 있는 넓은 절터로 경주 중심부에 위치) 금당(황룡사의 중심 전각으로 불상을 모신

45쪽 사진

건물)에 사용하였던 것이다.

황룡사 금당엔 5미터 가량 높이의 금동불 3존(三尊)이 봉안되어 있었다. 지금도 3존불이 서 있던 석조의 대좌가 금당 터에 남아 있다. 이만한 불상을 모시려면 금당을 높이 지어야 하는데 높은 금당의 전체 높이는 대략 30미터 가량이다. 용마루가 지상으로부터 그만큼의 높이에 구성되는 것이다. 그 용마루 좌우 끝에 2미터 높이의 치미를 얹는다. 1.5미터 가량의 눈 높이를 지닌 사람의 눈엔 치미의 윤곽이 겨우 보일 정도이다.

치미에는 세세한 무늬들이 베풀어져 있다. 아름다운 치장인데 그 중엔 인물상인 듯이 보이는 얼굴을 조각한 것도 있다. 그것은 치미 날개 뒤에 숨어 있다.

신라인의 미소

이것이 날개 뒤에 숨어 있는 얼굴 모습이다. 흙을 빚는 사람이 조금 두두룩하게 해서 코를 만들고 그 아래에 입을 형용하였다. 가는 대나무 같은 연모를 써서 눈을 나타내었다. 극히 질박한 얼굴인데 입가에 약간의 웃음기를 머금었다.

이 얼굴 모습은 지름이 대략 15센티미터 정도의 크기로 조성되어 있다. 세미(細微)한 이 부분은 지상에서 올려다보는 사람들 눈에는 절대로 띄지 않게 되어 있다. 치미에 이런 장식을 베푼 사람도 그것이 눈에 띄지 않는다는 점을 파악하고 있었다.

그렇다면 이것을 만들어 낸 사람의 마음 속에는 지상의 인간에게 내보일 의도가 처음부터 없었던 것이라고 할 수 있다. 인간에게 내보이지 않는다면 보여 줄 상대가 따로 있다는 의미가 된다. 딴 상대는 다른 무늬가 그러하듯이 삼라만상을 섭리하는 조화옹(造化

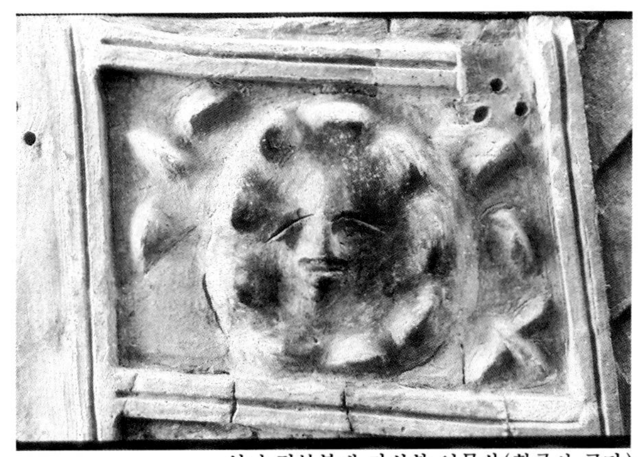
치미 뒷부분에 장식한 인물상(황룡사 금당)

翁)이었다고 이해된다.

목조 건물에서 치명적 타격은 화재이다. 화재는 화마(化魔)에 의하여 저질러진다. 짓궂은 화마가 집에 접근하여 장난을 하면 불이 나서 큰 손해를 입게 된다. 화마의 접근을 막아야 손해를 방지한다. 조화옹에게 부탁하여 화마의 접근을 예방하여 주십사 바란다. 그러한 바람의 호소로 이런 미소 띤 얼굴을 만들었다.

저승의 문턱

사람이 죽으면 가는 저승이 있다. 저승은 새로 태어나기 위하여 차례를 기다리는 휴양처와 같은 곳이라 여겼다. 저승으로 바로 가는 일이 마땅하다고 여겼다. 자칫 실수하면 길을 잃고 넋이 떠돌게 되는 수를 당한다. 저승으로 가는 직행의 입구에 당도하면 실수 없이 갈 수 있다는 보장을 받는다. 그런 길로 들어서는 곳을 명당의 터라 부른다.

사람들은 명당 터를 잊지 않기 위하여 명당 터가 생겨지는 형국을 규정지으려 하였다. 명당 터의 형국 중에서 으뜸가는 것이 어머니의 여근(女根)처럼 생긴 것이다. 그렇게 생긴 명당 터를 만나 들어서기만 하면 저승길을 득달같이 당도하게 된다. 얼마나 고마운지 모른다. 그런 명당 터에 묘를 써 준 후손들에게 기쁜 복이 내려지도록 마음을 다하여 주선해 준다.

죽어 돌아가는 저승

죽음의 문제에 관해 인간은 얼마나 많은 생각을 해왔던가. 우리 민족도 마찬가지였다. 잘 죽으면 저승에 간다고 여겼다. 이승에서 지은 죄가 있으면 저승에서 벌을 받는다. 벌을 받을 때마다 한 가지씩 소멸되어 마침내 죄는 다 없어지고 만다. 죄가 없어지면 다시 이 세상에 태어나게 된다.

유택(幽宅)(충남 예산의 김한신 묘)

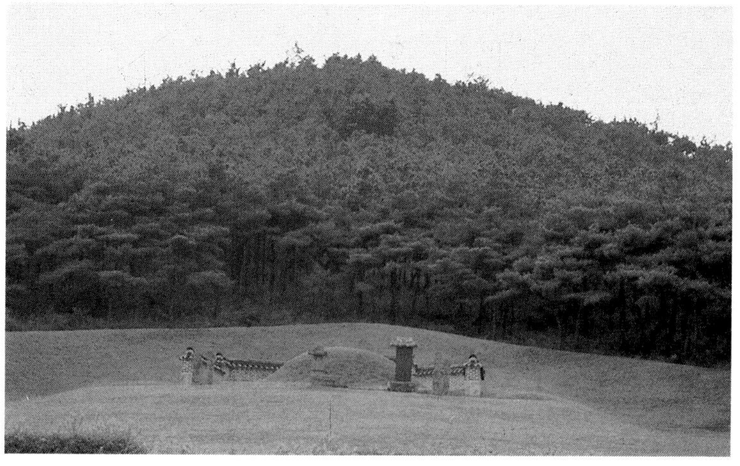

태어나는 일은 어머니의 여근을 통한다. 누구를 막론하고 그 관문을 통과하게 되어 있다. 이 점을 두고 생각하였다. 저승으로 가는 문도 있으리라고 하였다. 그런 저승문이 있다면 그 모습도 여근을 닮았으면 십상이라고 설정하였다. 마침 대지의 여근이 있어 예부터 널리 알려져 왔다. 여기를 저승으로 가는 길목이라고 여겼다. 그런 저승 문이 있는 좋은 터전을 명당이라 불러왔다. 명당은 좋은 산천마다에 자리잡고 있다.

저승의 유택

대지의 여근으로 저승에 들어간 사이에 넋이 벗고 간 육신은 대지의 한 자리에 유택을 마련하고 들어가 눕는다. 넋이 이 세상에 입고 있던 헌 옷이 드러누워 있게 되는 것이다.

죄를 벗고 이 세상에 다시 태어나는 날, 넋이 돌아와 벗어 놓았던 옷을 다시 입을 것이라고 생각하였다. 옷을 입는 날이면 손쉽게 사용하라고 살림살이에 쓰일 여러 가지 물건을 장만하여 둔다.

돌아가신 선대를 위하여 유택을 짓고 살림살이를 마련하여 두는 일은 후손들로서는 가장 중요한 의무였다. 정성을 다하여 만들었다. 지성스럽게 만드는 일은 자연스럽게 구조하는 것이 으뜸이었다. 그래서 유택이 뒷산을 닮는다.

자연 속의 집

뒷산을 닮은 유택에서 살다가 죄가 다 소멸되는 날, 넋이 옷을 찾아 입고 이 세상에 다시 태어난다. 대지 속에 잠재되어 있다가 산천의 정기에 의탁하고 이 세상에 돌아온다.

우리나라는 다른 나라에 비하여 크고 작은 산이 전국에 가득하다. 그런 산 중의 명산에는 산신이 산다고 믿었다. 산신이 산에 산다는 생각에서 산을 신성시하였다. 그래서 산을 외경하였을 뿐만 아니라 자연의 정화가 산에 있다고 여겨서 산을 훼손하는 일을 극히 삼가하였다.

산이 많아서 산곡간에 열린 터전에 집을 짓고 마을을 이루고 도시를 조성하고 사는 사람들의 생각에, 산은 절대적인 존재여서 사철 산이 변하는 모습을 예의 주시하여야 하였다. 늘 산을 바라다보고 느끼며 살아야 했다. 산의 표정을 읽고 산의 신비에 늘 익숙해 있었다. 산이 주는 불로초인 산삼을 얻기도 하고 병을 다스리는 갖가지 약초의 효능을 경험하면서 살게 된다.

산을 아끼고 존숭하는 마음은 산자락이라도 다칠세라 집을 지어도 조심하면서 산형에 맞추어 완성하는 일로 만족을 느꼈다. 예부터 그래 왔다. 산을 닮은 지붕은 백성들의 초가집이나 그렇거니 하며 생각하기 쉽다. 그러나 그렇지만도 않다. 경복궁 근정전에 가서 바라다본다. 남행각의 동쪽 끝에서 두번째 칸에 서서 바라다보면 북악산과 근정전의 선이 닮아 있다. 사원에서도 마찬가지이다. 예를 든 것에 불과하지만 고창의 선운사에 가면 이런 연관을 보게 된다. 산을 닮은 것이다.

뒷산을 닮은 지붕

산곡간(山谷間)에도 한자락 넓은 들이 열리기도 하고 강이 그 사이를 누비며 흐르기도 한다. 그런 터에도 마을이 생기고 집이 지어진다. 그런 집도 지붕이 뒷산을 닮는다. 왼쪽 지붕이 세 봉우리

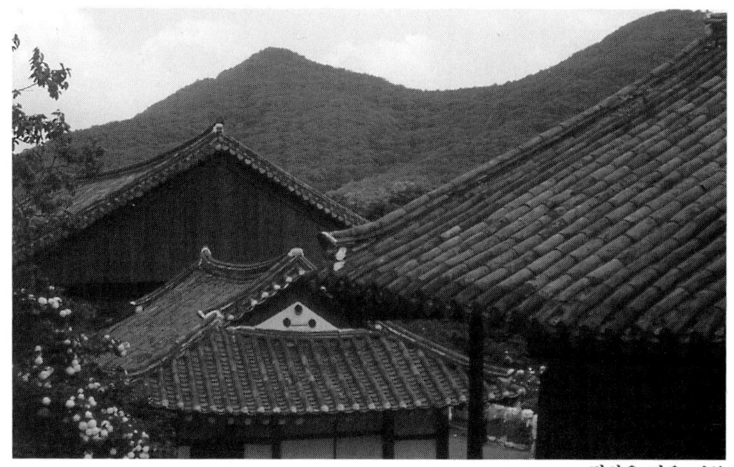

뒷산을 닮은 지붕

의 왼편 봉우리를 닮았다. 가운데 지붕이 뒷산의 중간 봉우리를 닮았다. 오른쪽 지붕과 오른편 봉우리가 닮았다. 심지어 함석 지붕이 초가 지붕 사이에 살짝 솟아 보이듯이 뒷산에도 규봉 하나가 능선 뒤에서 솟아올라 보인다.

뒷산과 닮게 지붕 구성하였다는 점을 어떻게 이해하여야 옳으냐가 문제이다. 현대식처럼 뒷산을 정밀 측량하고 그것을 축척에 따라 도면을 작성한 후에 그 도면에 의거하고 초가 지붕을 구성하였을 리는 없다. 옛날에 그런 능력이 없었으려니와 시골집 짓는 데 그만큼 경비를 지출할 까닭도 없었다.

뒷산 닮도록 내 집이 지붕을 구조한 마음 속에는 지긋한 것이 들어 있어서 여럿이 모여 투덕투덕 만들어도 그 결과는 저절로 뒷산을 닮게 되었던 것이다. 이는 미감(美感)의 발로인데 그 미감은 뒷산의 아름다운 선에 대한 의식이 깊숙히 스며들며, 잠재의식인 듯 함양되어 있다가 필요에 따라 적절히 드러나면서 그렇게 지붕을 구성하였던 것이라 하겠다.

뒷산을 닮은 지붕 113

산맥 속의 내 집

해당 사진은 골목에서 뒷산과 함께 초가 지붕을 바라본 광경이다. 북동쪽에서 남서쪽의 산과 집을 본 것이다. 이번엔 집의 안마당에 들어서서 남서편에서 북동쪽을 바라다보았다. 단칸짜리 헛간과 측간 지붕 너머로 남실남실 산봉우리가 보인다. 역시 봉우리 형상과 지붕 모습이 닮았다.

골목 밖에서 바라다본 산과 원경(遠景)의 봉우리와의 간격은 4~5킬로미터에 달하고 그 사이로는 한강이 흐르고 있다. 이쪽 산과 저쪽 산은 전혀 무관하게 솟아 있을 뿐인데 이 집에서 보면 두 산은 연관을 맺고 있다. 이 산과 저 산 사이에 내가 이룩한 산이 생겨남으로 해서 두 산은 맥을 연(連)하게 되었다. 내 집을 산과 같이 지으려 하였던 데서 연유된 천연의 보완인 것이다.

통나무 기둥(화엄사 구층암)

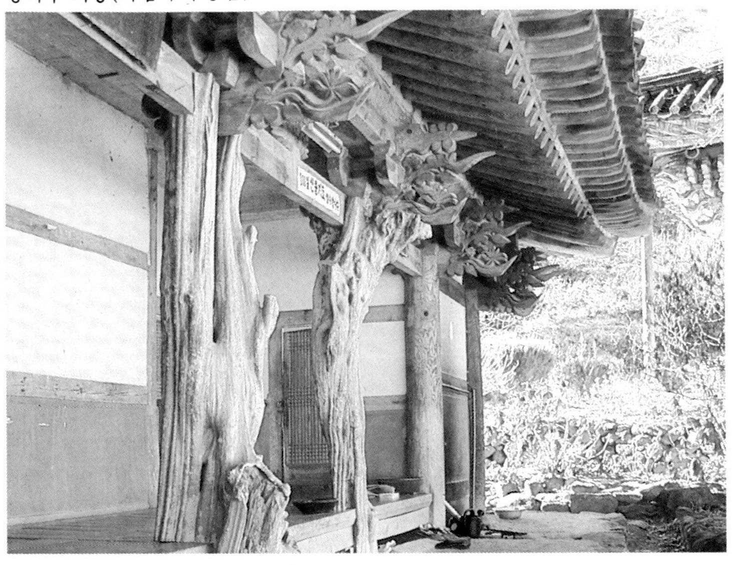

통나무의 기둥

천연에서 함양된 미의 감각은 천성(天成)을 가장 아름다운 것이라 여긴 탓으로 천연에서 벗어난 지나친 장식이나 드러내 보이기 위하여 멋지게 꾸미려 하는 가식(假飾)은 되도록 배제하려 하였다. 집 짓는 일에서도 마찬가지였다.

기둥을 세운다. 통나무를 숲에서 베어다 다듬는다. 가지만 툭툭 쳐서 애벌만 다듬고 알맞은 길이로 잘라 기둥 세운다. 좌우가 대칭되도록 빈틈 없이 다듬어야 직성이 풀리는, 단정하거나 정중한 사람들의 다소곳한 맛에서는 처음부터 벗어나 있다.

천연에서 함양된 대로 신바람이 나서 신나게 다듬어 세우는 일로 만족하고 만다. 통나무 기둥 세울 만하다고 목수들이 마음을 다짐하고 있어야 이런 기둥을 천연덕스럽게 일으켜 세울 수가 있다. 목수가 매끈하게 다듬어야 안심할 수 있는 사람이었다면 이런 기둥은 존재하기 어렵다. 이런 기둥 세워도 좋다고 승려들이 용납해야 설치가 가능하다. 승려들에게 집 지으라고 시주한 사람들이 반대하면 그런 기둥은 채택되기 어렵다.

결국 세 가지 부류의 사람들이 동의한 데서 존재하게 되었다. 지금도 할아버지들이 껴안아 본다. 그놈 잘생겼다고 칭찬이다. 벌써 350년 세월을 그렇게 연면하여 오고 있다.

수의수치

그럴 수밖에 없을 때는 형편 따라 하라고 부처님은 설법하셨다. 원칙에 있는 것이 아니라 자기 마음에 달린 것이니 있는 그대로 행하면 족하다고 하셨다.

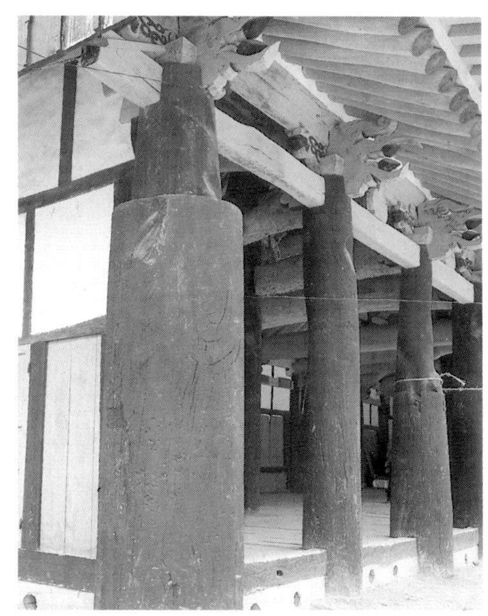

선운사 만세루의 기둥

　귀기둥 통나무는 썩지 않아야 수명이 장구하다. 구해 놓고 보니 기둥 길이가 짧다. 보통은 버리고 긴 재목 구해다 다시 마름하여 산뜻하게 세우지만 승려들은 수의수처(隨意隨處)의 법문에 따라 짧은 기둥 이어 쓰기로 하였다. 보통으로는 어려운 발상이고 처리이나 선운사의 만세루는 능숙한 도편수가 무난히 처리하였는데 기둥 하나에 국한되지 않고 기둥마다를 적의 처리하였다.

　도편수는 매우 활달한 사람이었던 모양이다. 대들보도 꾸불거리는 나무를 썼을 뿐만 아니라 종보는 아예 두 가닥으로 벌어진 가지의 고샅 부분을 잘라다 썼다. 아주 드문 일이지만 대담한 작업이다. 그래도 하중에 견딜 만하다는 자신이 없고서는 감히 엄두도 내지 못할 그런 일이다.

　득의(得意)하였다고 평가해야 온당하리라고 생각한다. 나무가

지탱하는 하중의 처리를 아주 잘 간파하고 있었다고 할 수 있다. 수백 년 동안 이 집은 별 탈 없이 내려오고 있다.

대칭을 이룬 천연의 기둥

천연스러운 나무를 재목으로 이용한다. 천연과 인간의 공술(工術)이 합작하는 일이다. 합작에서의 상대방 대접은 존중에 있다. 가장 천연스러운 것은 그대로 살려주는 데 존중의 묘체가 있다. 그런 생각이 극도에 이르면 이런 기둥을 세울 마음이 우러난다.

천연을 채택하고 싶다는 강한 의지에서 이런 기둥을 채택하였다. 그러면서도 천연 그대로인 채로 버려 두지 않고 강력한 의도를 거기에 부여하였다. 대칭시키려는 미술 감각의 구성 의욕이 발현된 것이다.

앞쪽 기둥은 밑둥이 굵고 위가 좁다. 천성의 나무 생긴 대로이다. 그 저쪽의 기둥은 밑둥이 가늘고 윗부분이 굵다. 이는 분명히 천성의 나무를 거꾸로 세워서 기둥 만든 것이다. 재목을 물구나무 세워서 기둥 만드는 일은 매우 꺼린다. 순리에서 벗어난 것이기 때문이다. 그럼에도 불구하고 금기를 어기면서까지 기둥을 그렇게 만들어 세운 것은 균제성을 강조하는 대칭의 의도 때문이었다.

이런 의도의 구성을 우리가 분석하는 일에서 미학의 논의가 시작된다면 이 구조는 우리에게 여러 가지 논의될 점들을 제공하고 있는 셈이다. 이 점을 고려하며 이 구조를 보아둘 필요가 있다.

돌사자의 생각

깊은 생각에 잠긴 이를 보면 성자구나 해서 저절로 정숙하려 한다. 사색을 방해하지 않으려는 배려이다.

생각을 많이 하는 이는 존경을 받는다. 매사에 그만큼 사려가 깊기 때문이다. 반대로 생각이 부족한 사람은 능멸을 당한다. 그만큼 모자라는 사람이라고 내려본다. 선지식들은 생각 속에서 산다. 사유 속에서 삼매경을 느끼는 것이다. 그런 분들은 심안이 열려 삼라만상의 이치와 명운(命運)을 손금 보듯이 들여다본다고 한다.

돌사자도 생각 속에 잠겼다. 앞발 하나를 들어 턱에 괴고 다소곳이 앉아 깊은 생각에 빠졌다. 반가(半跏)까지는 아니더라도 정좌하고 앉아 사유하고 있는 것이다. 절의 일주문 층계 끝에 앉아 있다. 그 앞으로 수많은 사람들이 지나다닌다. 생각 없이 무심히 지나다니는 사람들도 있다. 그들 눈엔 생각하는 사자가 눈에 들지조차 않는다. 그런 사자가 거기에 있는지도 모르며 무수히 지나다닌다.

어느 날 갑자기 돌사자가 눈에 띄었다. 생각하는 사자를 보고 비로소 놀랐다. 오히려 섬뜩하였는지도 모른다. 보이지 않던 시절이 더 무난했는지도 모른다. 모르고 지낸 세월이 더 다부졌는지도 모른다. 만용이라도 부려볼 수 있을 터이니 더욱 그렇다. 눈에 들어오면서부터 놀라움이 연속된다. 보이지 않던 것들의 존재가 인식되면서 옛사람들의 생각과 만나기 시작하게 된다.

무엇이 이룩되든간에 이룩하려면 누구나 생각한다. 생각 없이 기능적으로 하는 사람은 흔히 천대 받는다. 같은 일을 하여도 깊은 생각 끝에 완성시키면 높은 평판을 받는다. 이 이치를 돌사자가 깨닫고 있다. 생각은 만물의 영장이라고 하는 인간의 향유이다. 돌사자에게 생각하게 하려면 인격을 부여해 주어야 한다. 이런 발상이 과연 어떻게 일어나게 되었을까. 아직도 우리는 궁금한 채이다.

빛깔있는 책들 102-1

한옥의 조형

글 | 사진 | 신영훈

초판 1쇄 인쇄 | 1996년 10월 10일
초판 13쇄 발행| 2017년 05월 20일

발행인 | 김남석
발행처 | ㈜대원사
주　소 | (06342) 서울시 강남구 양재대로 55길 37, 302
전　화 | (02)757-6711, 6717~9
팩시밀리 | (02)775-8043
등록번호 | 제3-191호
홈페이지 | http://www.daewonsa.co.kr

값 8,500원

ⓒ 신영훈, 1996

Daewonsa Publishing Co., Ltd
Printed in Korea 1996

이 책에 실린 글과 사진은 저자와 주식회사 대원사의 동의 없이는
아무도 이용할 수 없습니다.

ISBN | 978-89-369-0020-5　00540
　　　978-89-369-0000-7 (세트)